高山兀鹫

雪域高原的清道夫

赵序茅 著

江苏凤凰科学技术出版社
·南 京·

图书在版编目（CIP）数据

高山兀鹫：雪域高原的清道夫 / 赵序茅著.—南京：江苏凤凰科学技术出版社，2021.6
（野性寻踪）
ISBN 978-7-5713-1477-4

Ⅰ.①高… Ⅱ.①赵… Ⅲ.①鹰科—青少年读物 Ⅳ.①Q959.7-49

中国版本图书馆CIP数据核字（2020）第190565号

高山兀鹫　雪域高原的清道夫

著　　者　赵序茅
策　　划　左晓红
责任编辑　杨　帆　朱　颖　黄　山
责任校对　仲　敏
责任监制　刘　钧

出版发行　江苏凤凰科学技术出版社
出版社地址　南京市湖南路1号A楼，邮编：210009
出版社网址　http://www.pspress.cn
制　　版　南京紫藤制版印务中心
印　　刷　南京凯德印刷有限公司

开　　本　718 mm × 1 000 mm　1/16
印　　张　9.5
插　　页　2
版　　次　2021年6月第1版
印　　次　2021年6月第1次印刷

标准书号　ISBN 978-7-5713-1477-4
定　　价　48.00元

前言

猛禽是地球上独特的生命，它们大多处于食物链的顶端，对于维持自然界的平衡发挥着不可替代的作用。在大自然中，猛禽拥有高超的捕猎本领，而以高山兀鹫为代表的鹫类家族却是猛禽中的奇葩。在漫长的进化历程中，它们不是向更凶猛、更敏捷的方向演化，而是变得更懒惰、更笨拙，以致放弃了捕食动物的凶猛习性，转而取食动物尸体，干起了“收尸”的行当。高山兀鹫的“改行”，使它们的体型变得笨重，脚爪钝而无力，飞行虽然持久，却不够灵巧，更谈不上迅速、敏捷。它们脚爪大多退化，但可以更为方便地在地面上奔跑和跳动；只有喙变得十分强健发达，成为撕扯动物尸体的有效工具。另外，高山兀鹫的头部和颈部的羽毛变成了短短的绒羽，或者干脆完全裸露，这样它们可以很方便地将头部伸进动物尸体的腹腔内，而不会造成阻碍。颈的基部生长着一圈较长的羽毛构成领襟，类似人类用餐时使用的餐巾，可以防止弄脏身上的羽毛。由于长期觅食尸体、腐肉，高山兀鹫成了徒有虚名的猛禽。

在雪域高原上，以高山兀鹫为代表的食腐动物互相合作、相得益彰。俗话说一山难容二虎，但我们在野外却经常可以看到高山兀鹫、秃鹫、胡兀鹫、渡鸦、狼一起用餐。虽然它们同属于食腐动物，但彼此略有差距，高山兀鹫偏爱动物的内脏，秃鹫喜欢腐肉，胡兀鹫独爱骨头，这些大型猛禽“用餐”后剩下的残渣又是渡鸦们的口粮。食肉动物原本和这些食腐动物风马牛不相及，可是在长期的生存过程中，这些食肉动物捕猎余下的残羹，或者说在分解尸体方面，都可以为高山兀鹫们提供不可或缺的帮助。高山兀鹫嗅觉灵敏，善于发现一些老弱病残的动物个体，反过来又可以为猛兽捕猎担当向导，正可谓是合作共赢的典范。

高山兀鹫清理尸体不仅仅是满足其自身生存，更关键的是可以净化环境，控制疾病的传播。试想，如果没有这些食腐动物，我们所在的地球将会是尸横遍野，我们的土壤、河流都会被污染。更可怕的是，这些尸体含有的大量病原菌会感染其他生命。而正是由于高山兀鹫这些食腐动物的存在，才得以帮助大自然把尸体及时清理，还大自然一片净土。这些腐烂的尸体一旦进入高山兀鹫的消化系统，大多数病原菌都会被消灭，而高山兀鹫却安然无恙，这是它们长期进化形成的防御机制。

然而，近年来随着人类活动的加剧，草原毒鼠、灭鼠行动也越加频繁，使得包括高山兀鹫在内的鹫类家族正在遭受灭顶之灾。不仅是中国，全球的鹫类都面临着几乎同样的命运。以白兀鹫为例，它们原本拥有庞大的种群，广泛分布在欧洲、亚洲、非洲，如今该种群严重衰落，在欧洲及中东大部分地区，其数量只有 20 年前的一半。它们的衰落也与铅中毒、杀虫剂和触电有关。高山兀鹫吸收的抗生素也会损害它们的免疫系统，造成细菌感染。

拯救以高山兀鹫为代表的鹫类家族已经刻不容缓。本书以我们观察的高山兀鹫——小七为线索，展现它从出生到独立生存，从第一次寻找食物到离开故土的生存经历，同时展现西部雪域高原独特的生态系统。这里有雪豹、秃鹫、胡兀鹫、北山羊、旱獭、渡鸦……它们之间或竞争或合作，既有你死我活的“战斗”，也有尔虞我诈的较量，更有纵横捭阖的“谍战大戏”。

古人云："人法地，地法天，天法道，道法自然。"大自然是人类共同的老师。以自然为师，我们可以更好地反思人类自己。高山兀鹫小七的成长过程展现了我国西部独具魅力的物种多样性和物种生存状态。生态文明在于人与动物之间的距离，在于人类对动物的尊重。只有绿水青山才是金山银山！

赵序茅

目录

I

筑巢大业

新疆天山山脉中部，一对老鹫夫妇修补完自己的旧巢，在最寒冷的 1 月产下了它们俩一生中的第 7 枚卵。在恶劣的自然环境下，它们小心翼翼地孵化着这枚卵。

1

白山
巢穴

天空虽大，山峦虽广，峡谷虽长，可是能够满足高山兀鹫栖息繁衍的领地却凤毛麟角。不是它们对于领地的选择过于苛刻，而是人类的足迹几乎已经遍布大自然的每一个角落。

位于新疆和硕县地界，在天山山脉的中部，有一道峡谷，沿着峡谷往里走100余千米，有一个水库，名叫红岩水库，因两旁红色的岩石而得名。红岩水库为附近的小动物提供了绝佳的生存环境。每年的秋季迁徙期，这里聚集着各种水鸟，有大天鹅、小鹏鹏、赤麻鸭、绿头鸭等。水鸟的到来吸引了各种猛禽，苍鹰躲在岸边的树林伺机而动，鹗在天空中窥视着水面上的一举一动，棕尾鵟立在路边的树干上静观其变。和这些天生的“杀手”迥然不同，有一类猛禽早已“暗淡了刀光剑影，远去了鼓角铮鸣”，它们既不与这些空中的猛禽一争高下，也不会对地面的小兽恃强凌弱，这便是高山兀鹫。它们拥有庞大的身躯却以腐肉为食，张开庞大的双翅却无法快速俯冲，长着强有力的喙却不能抓捕猎物。它们是大自然中的奇葩，专以腐肉为食，过着与世无争的日子。

从红岩水库向北10千米，有一处白色的山峰。此山犹如白色的屏障，与周遭的红山格格不入；山体嶙峋，在低矮的群山中鹤立鸡群；满目苍凉，全然没有峡谷的生机勃勃。白山顶上是一块大的平台，平台之下是约200米深的悬崖，悬崖壁上分布着大大小小上百个洞穴，洞穴大小不一，大则如磨盘，小则如鸡蛋。这处白色悬崖便是高山兀鹫的巢区，大小不一的洞穴是高山兀鹫的巢穴。

12月的天山是一片银色的世界，峡谷中的河流已是千里冰封，山腰处的天山云杉和山顶处的高山草甸也都被皑皑白雪覆盖。空中时不时飘着的雪花，在阳光下射出耀眼的光芒，让人看不出原本的荒凉，反而觉得是一片富饶的大地在静静沉睡。雪域高原的气温变化剧烈，一阵阵谷风雕琢着早已松散的沉积岩石，令人不寒而栗。河谷依然铺满厚厚的积雪，如果是春天，河乌与红尾水鸲会在河中潜水、洗浴、寻找食物，而现在一切归于平静。

高山兀鹫却与这寂静的大地不在一个步调上，它们聚集在白山上空，从洞穴中进进出出，在天空中盘旋不定。12月正是高山兀鹫求偶的季节，那些成年的雌雄个体需要觅得配偶完成终身大事，而已经配对的也需要加紧“操练”，早日产卵。繁衍是地球上的生命最重要的使命，此刻空气中早已弥漫

○ 高山兀鹫的巢穴 -赵序茅　拍摄

着荷尔蒙的味道，尤其是那些单身的雄性，更是急不可耐。

这段时间，原本集体活动的高山兀鹫常分成一个个小群，雌雄成对活动，集体的生活开始让位于“二人世界”。它们成双成对地出没，盘旋于高山之巅，徘徊在悬崖之侧，飞舞于蓝天之上。高山兀鹫是大型猛禽，遵循着“一夫一妻”的传统，一旦配对成功，很少分离，是鸟类中的模范夫妻。这主要是因为，一对高山兀鹫配对成功后会占据一块繁殖的领地，它们会在此繁衍、生存。一旦分开之后，它们要面临新的抉择，还要去占领新的领地。当然，彼此的默契也很重要。

天空虽大，山峦虽广，峡谷虽长，可是能够满足高山兀鹫栖息繁衍的领地却凤毛麟角。不是它们对于领地的选择过于苛刻，而是人类的足迹几乎已经蔓延到大自然的每一个角落。总体来讲，高山兀鹫对于领地的选择有三大要素：

其一，人迹罕至。高山兀鹫本不惧人，但它们的巢区却不想暴露在人类的视野之下。居住在藏族自治区的人们由于自己的信仰，不会伤害高山兀鹫，因此，长期以来高山兀鹫可以与人类和谐相处。可是，天山的情况有所不同，这里人员复杂，旅游的、开矿的、修路的、探险的都有。显然，高山兀鹫还没有适应这些来自五湖四海的“朋友”，它们要把巢穴选在人迹罕至的地区，以免给自己带来伤害。

其二，高山峡谷。高山兀鹫以腐肉为食，它们需要充足的食物来满足自身及幼鸟的生长。那些远离人类的高山峡谷往往是动物密集之地，也是动物尸体密集区。

其三，悬崖洞穴。高山兀鹫不会筑巢，只会选巢，悬崖上天然的岩石洞穴就是它们理想的筑巢之地。这样的环境可以远离人类的干扰，避免兽类的侵害，保持安静的孵化环境，营造安全的育雏空间。

前面提到的白山就是一个绝佳的筑巢区，有几十对高山兀鹫在此生存、繁衍。它们中间有一对高山兀鹫已经在此处生存了六七年，是这片巢区的老住户了，我们姑且叫丈夫为老鹫，叫妻子为鹫妈吧。老鹫的巢穴位于白山悬崖的中间地段，这是繁衍生存的黄金地段，类似于人类的“市中心”，这也从一个侧面证明了老鹫在群体中的地位。老鹫巢穴外侧有一处突出的岩石形成的大平台，像极了人类的花园，老鹫平日里多会在此处停歇或休息。

老鹫夫妇已经孕育了6个孩子，每年只有1胎，前面2个孩子由于食物短缺夭折了，后面4个已经长大离家而去，不知去向。又到了一年的繁殖期，老鹫夫妇准备要第7个孩子。它们已经在一起生活7年了，彼此默契，可以熟练完成交配。

博士说话

博士有话说

高山兀鹫

高山兀鹫生活在海拔2 500~5 000米的高山或高原上，分布于天山、昆仑山、帕米尔高原、喜马拉雅山脉及青藏高原等地区。生活在中国的鹫类有高山兀鹫、秃鹫、兀鹫、胡兀鹫、白背兀鹫、黑兀鹫、白兀鹫等。其中，高山兀鹫也叫喜马拉雅兀鹫，是国内分布兀鹫中最多见的一种，也是中国特有物种。高山兀鹫体型巨大，成年高山兀鹫双翅展开足有3米，身体各部位的颜色也比较独特。成年高山兀鹫除翅、尾外呈褐白色，下肢呈褐色。头部和头侧裸露，具丝状羽毛，颈部具乌白色绒羽，上胸及颈基部具较长的矛状羽，背、腰、肩羽呈褐白色，双羽具白缘。飞羽黑褐色，内侧飞羽具乳白色端。颏、喉白色，胸和胁部褐色，胸部中央暗褐色，腹部色较淡，尾羽黑褐色。颈细而裸露，基部具明显而宽阔的灰白色长翎羽，有淡褐色轴纹。翅和尾黑褐色。下体淡黄褐色，具淡色纵纹。嘴灰绿色或铅灰色。脚暗绿灰色。

○ 高山兀鹫

2

筑巢大业

高山兀鹫选定了一个巢穴之后，会多年连续使用，除非遭遇了不可抗拒的力量，比如巢穴遭到破坏。老鹫夫妇多年来沿用自己的旧巢，今年也是如此。不过老房子也要每年重新装修。

高山兀鹫选定了一个巢穴之后，会多年连续使用，除非遭遇了不可抗拒的力量，比如巢穴遭到破坏。老鹫夫妇多年来沿用自己的旧巢，今年也是如此。不过老房子也要每年重新装修。由于兀鹫年幼时行为能力不强，粪便都是排在巢穴里面的，那巢穴外缘一处处白色的痕迹，犹如不小心打翻的白色涂料，便是小兀鹫们的“杰作”。巢穴中还堆积着小高山兀鹫的食物残渣，恶臭难闻。这些粪便和食物残渣会滋生一些病菌，影响小兀鹫们的健康成长。因此，老鹫夫妇每年会对巢穴进行重新装修。老鹫夫妇的喙虽大但不灵活，爪子虽有力但不能抓握，它们很难将巢区的垃圾残骸清理干净。在长期的生存中，它们总结出了自己的一套办法——既然旧的材料无法清除，那就弄些新的巢材过来。

老鹫夫妇本着就地取材的原则，先到周边的山坡上取一些干枯的树枝，比如雪岭云杉、花楸、桦树、杨树。这些树枝是搭建巢穴的基础，它们要在洞穴里面先搭建一个树枝平台。和同为大型猛禽的金雕相比，高山兀鹫选用的树枝明显偏小、偏细。这是因为高山兀鹫的搬运能力远远不如金雕，它们无法把大的树枝搬进自己的巢穴，只能捡一些细小的枯枝作为巢材。其次，高山兀鹫也没有必要选取大的树枝。金雕的巢穴多建在露天的悬崖平台上，选取粗壮的树枝插入岩石的缝隙可以确保巢穴更加牢固、更加安全，经得起风吹日晒。而高山兀鹫把鸟巢建在洞穴里，所以不用担心这种不确定因素。老鹫在洞穴里搭建一个近似圆形的平台，这样可以让巢远离寒冷的地面，增加孵蛋时的温度。它们会把平台搭建在距离洞口一定距离的地方，如果距离洞口太近，小高山兀鹫破壳而出之日容易掉下悬崖；如果距离洞口太远又不容易照到阳光，也不利于雏鸟成长。冰天雪地里寻找干枯的巢材可不是一件容易的事情，好在老鹫夫妇拥有敏锐的视力和极强的飞翔能力，它们可以在方圆几十千米的范围内选择自己所需的巢材。

天寒地冻的日子，老鹫夫妇艰难地选择巢材，它们一次次从外面把筑巢的干树枝带回来。奇怪的是，它们发现一连几日带回来的材料并没有增加，反而不断减少。这是为什么呢？一次老鹫回巢，看到几个黑色的身影从巢中慌慌张张地离开，临走之际它们嘴里叼着一根干树枝。原来它们的巢材被盗了，这盗贼不是别的鸟，正是老鹫的邻居渡鸦。这渡鸦是动物界有名的强盗，它们平日里游手好闲，看到谁家有多余的食物就会来分一杯羹。这一次，它们看到老鹫正在搜集巢材，于是趁着老鹫夫妇离家之际来偷运“建筑材料”，不曾想这一次竟被老鹫碰到。可即便如此，老鹫夫妇也只能自认倒霉，这渡鸦神出鬼没，异常灵活，一旦巢材运回自己巢中，就别想再要回来。

这些干枯的树枝被搬运到洞穴之后，老鹫会利用自己的身体把它压结实，然后再往上堆放一层，继续压实，这个过程会耗时 1 周左右。大概堆积了十几层之后，平台就建好了，鸟巢初具规模。整个建筑类似一个梯形的结构，下面的面积大，上面的面积小。最底下一层直径有 1~1.2 米，到了最上层直径减小到 0.7~0.9 米。

鸟巢的主体完成后，就要开始进行里面的装修了。老鹫夫妇会寻找一些软的材料铺垫在平台之上。与搬运前面的干树枝相比，老鹫夫妇携带这些软材料更加艰难。老鹫夫妇体积虽然庞大，但是喙不尖、爪不巧。不过它们有一个可以存储食物的嗉囊，这是它们搬运巢材的重要工具。老鹫在远处，把干草吞进嘴里，存在嗉囊里，而后回到巢中，在旁边吐出一团一团的草。脊椎动物鸟类食管的后段暂时贮存食物的膨大部分，称为嗉囊。食物在嗉囊里经过润湿和软化，再被送入前胃和砂囊，有利于消化。不一会儿，老鹫的爱人也带回来一堆干草。夫妻俩把这堆草堆成一个椭圆形，而后坐在巢中，压一压。鸟巢以细草铺垫为主，如老芒麦、针茅、早熟禾、冰草、鹅观草等。

个别巢台边有云杉或锦鸡儿的枝条，可见高山兀鹫细腻和高超的营巢御寒本领。

最近几年，除了这些传统的巢材，老鹫夫妇还往巢穴中添加了一些稀奇古怪的东西，比如巢内会偶然遗留有彩色玻璃片、小兽药瓶、塑料制品、瓷器碎片等人造垃圾。人类活动的足迹已经深入大自然的每一个角落，野生动物们不可能不受到人类活动的影响。老鹫对这些人类丢弃的材料充满了好奇，它们可能以为这些都是高级"舶来品"。

这些舶来品有些可以被老鹫们好好地利用，比如人类丢弃的布料、枕头、毯子等，然而大多数情况下会给它们带来伤害，比如废弃的塑料袋、玻璃、铁丝等。可是老鹫们不知道哪些可以被利用，哪些不可以被利用。一旦将这些塑料制品带入巢穴之后，小兀鹫长大后很有可能误食吞入体内，造成灾难。

○ 高山兀鹫的巢穴 -赵序茅　拍摄

博士说有话

高山兀鹫的巢穴

中国科学院新疆生态与地理研究所的马鸣研究员野外调查发现，在天山地区高山兀鹫将巢穴筑于悬崖的凹陷处、突兀岩石下，或者乱石陡坡的灌木丛下。高山兀鹫所在的巢区多在海拔 2 000 米以上，坡度 70 度以上，巢穴多分布在朝阳面。高山兀鹫喜欢筑巢，每个巢区有 5~16 对繁殖个体，有 60~110 个巢。高山兀鹫有沿用旧巢的习性，巢的结构树枝较少，以细草为主，有少量羽毛。巢的内径为 35~60 厘米，外径为 100~320 厘米，窝中央凹深 7~15 厘米。

3

一月产卵

1 月的天山进入一年中最为寒冷的季节，重新修补巢穴之后，老鹫的妻子便开始产卵了。产卵是一年中最为神圣的时刻，老鹫不允许有外界的任何打扰，开始在巢穴周边盘旋警戒，驱赶一切来犯之敌。

○ 一月天山

1月的天山进入一年中最为寒冷的季节，重新修补巢穴之后，老鹫的妻子便开始产卵了。产卵是一年中最为神圣的时刻，老鹫不允许有外界的任何打扰，开始在巢穴周边盘旋警戒，驱赶一切来犯之敌。隔壁邻居红嘴山鸦平日尚可到巢中做客，现在是非常时期，老鹫夫妇就闭门谢客了；往日叽喳的喜鹊好来巢中寻觅一杯残羹，如今也早早地被拦在门外。

1月的某一天早晨，洞穴的门口飘起了雪花，温度早已降到零下十几度，洞穴里的鹫妈静静地趴窝在巢上，它略微张开翅膀，如同用一床厚厚的被子护住自己的身子，此刻它比任何时候都需要温度，不仅是为了自己，更为了即将出生的孩子。在产卵之前，它必须把自己身下的巢焐热，冰冷的环境不利于产卵、孵化幼小的生命。

鹫妈已经好几天没有觅食了，它一旦离开，巢穴会在瞬间变得冰冷。不过，它并没有因此绝望，它在耐心地等待，自己的另一半已经出去觅食了，要不了多久老鹫就会带着食物回到巢穴。鹫妈在平台上坚守，它用自己的身体给巢传递温度，在它的努力下巢台已经足够温暖。中午的时候，雪停了，太阳出来了，在阳光的照射下气温升高，即便是待在巢穴中的鹫妈也感觉到巢穴外面上升的气流。这时，它在巢中产下了一枚蛋，身体所有的负担瞬间释放。蛋通体白色，没有斑点，只有些许褐色的血迹，是产蛋留下的。这枚蛋重达240克，可以占到母体重量的二十分之一。

产下蛋之后鹫妈已经没有了力气，不过它依旧坚守在巢穴中，把蛋轻轻地放在自己腹羽之下，尽最大可能给它温暖。接下来的日子里，老鹫夫妇最重要的任务就是把蛋孵化出来。鹫妈已经连着好几天没吃东西了，它寸步不能离巢，只能期盼丈夫早点回来。"扑哧"，巨大翅膀收起来的声音，接着是一阵踉踉跄跄的碎步，老鹫终于回来了。老鹫迈着笨重的八字步走到巢前，它体型庞大，在空中飞翔灵活，可是在地面行走却极为笨拙。鹫妈没有起身，抬起头望着老鹫。老鹫低下头，张开嘴，鹫妈用喙去触碰老鹫的嘴巴。它们的喙亲密无间地靠在一起，紧接着老鹫的食物从喙里流出，流到鹫妈喙里。这种携带食物的方式在猛禽中比较少见，由于高山兀鹫的爪子无法抓握猎物，它只能把食物存储在自己的嗉囊里，然后带给自己的配偶。鹫妈获取食物补充了能量之后，可以继续坚持下去了。

在产下蛋之后，鹫妈必须24小时待在巢里，外面依旧寒冷刺骨，它的体温是蛋唯一的依靠。一旦离开母体的温暖，蛋里面的胚胎很容易冻死。一般而言，高山兀鹫可以在巢里产下两枚蛋，产下第一枚蛋之后，间隔一两天之后可以产下第二枚蛋。可是鹫妈只产下一枚，这几年都是如此。如今外面食物短缺，能把一只小高山兀鹫扶养长大已经不容易了。为了生存，它们必须节制生育。

食物都去哪里了？

老鹫这几年发现一个奇怪的现象。以往的年份，寒冷的冬季会冻死一批牧民的牛羊。这些死去的牛羊，牧民从来不会吃，也不会卖，他们会把这些牛羊丢弃在野外。这些被牧民遗弃的牛羊成为高山兀鹫的食物，当然不仅是它们，狼、狐狸、獾等都会来分一杯羹。也不知从什么时候开始，牧民不再遗弃死去的牛羊，而是运往山下去了。这样一来，高山兀鹫们的口粮就一下子减少了许多。

产下蛋之后，夫妻俩有一个简单的分工。鹫妈承担孵蛋的重任，老鹫则担负着警戒和寻找食物的任务。在鹫妈孵蛋期间，老鹫常盘旋于空中，巡逻警戒，决不让任何其他生物靠近自己的巢区。鹫妈几乎整天待在巢中，不到万不得已它是不会轻易离巢的。

老鹫夫妇在辛苦地孵化巢中的蛋，它们除了要忍受寒冷低温的煎熬和饥饿带来的损伤，还要时刻提防周围的邻居们。如今正是天山动物们闹饥荒的时刻，大雪封山之后食物非常短缺。平日里食物充足的时候，这些邻居们还可以相安无事，一旦食物短缺，那巢中的蛋就会面临危险。这里的红嘴山鸦会时刻监视着高山兀鹫的巢穴，一旦发现成年兀鹫离巢，便会一哄而上，将巢中的蛋啄破并一饮而尽。

鹫妈听到巢穴外面红嘴山鸦一阵嘈杂声，没有时间理会这些讨厌的家伙，它在专心孵蛋。几只红嘴山鸦溜进了高山兀鹫的巢穴，它们在巢的外缘，鬼鬼祟祟。不用说，它们是奔着食物来的。平常时日，红嘴山鸦就喜欢到高山兀鹫巢中寻找一些残羹。高山兀鹫是一种温顺的猛禽，虽然样子有些吓“鸟”，但对这些周围的小动物们极为温顺。可此一时彼一时，鹫妈正在巢中孵蛋，它不希望受到任何打扰。况且这次来的红嘴山鸦也是别有用心，它顺着洞穴径直走到老鹫巢边，完全不把自己当外人，四处打量了一下，对鹫妈腹下的蛋充满了浓厚的兴趣。是可忍孰不可忍，鹫妈被眼前的红嘴山鸦激怒了，一下子把自己颈部的羽毛竖立起来，对红嘴山鸦发出警告的威胁。可是这红嘴山鸦完全不当回事，径直往里闯。

鹫妈见警告无效，勃然大怒，从巢中起来，顾不得腹下之蛋，一下子跳到地面，伸出喙开始对红嘴山鸦武力驱赶。这红嘴山鸦也非善类，一个躲闪，避开了鹫妈，且战且退，将鹫妈引出巢台。而另一只红嘴山鸦悄然绕到巢后，直勾勾盯着巢中的蛋，好一出“明修栈道，暗度陈仓”，就在这千钧一发之际，鹫妈猛然回头，戳穿了山鸦的阴谋。它立即回到巢台上，死死地

○ 红嘴山鸦

护住自己的蛋，任尔东西南北风，我自岿然不动。可是眼前的红嘴山鸦并不打算放弃，一前一后故伎重演，继续打算把鹫妈诱出巢穴。

双方陷入了僵持，一方贪功心切，百般叫阵；另一方护子心切，坚守阵地。此刻，一个巨大的身影回到洞穴，老鹫从外面回来了，双方对峙的局面立即被打破。在老鹫夫妇的联合驱赶下，红嘴山鸦只得灰溜溜地离开。

博士说有话

高山兀鹫为何在1月产卵？

别的鸟儿都是春暖花开产卵，这个时期，万物复苏，植物长出了嫩枝，昆虫开始活跃，冬眠的小动物也早已醒来，食物充足，利于养活后代。可是高山兀鹫为什么要选择在最寒冷的季节产卵？

高山兀鹫选择这个时间段产卵，是长期形成的习性。它们每年在1~2月产卵，幼年鸟出壳后正好赶上早春野生动物死亡率最高的时候，食物相对丰富。每年春季，山谷里的家畜常常遭受一种可怕的无名疾病的袭击，牧民牛群中有一些体弱多病的牛相继死去，死去牛的血液呈乳白色，当地牧民称这种病为“白血病”。另外，高山兀鹫喂养后代时，极寒的冬天刚过，是老弱病残羊极易死亡的时候，它们选择这个季节繁殖，的确很聪明。

冬去春来，冰雪融化，牧民赶着畜群向山谷高处的夏季牧场迁移。高山兀鹫跟随着牧民的畜群，专门取食牧场中牲畜的尸体。

4

驱赶外敌

在猛禽的世界有一项不成文的规定——不能低空飞过别人的巢区，尤其是在繁殖期内。繁殖期内的猛禽为了保护雏鸟，其领地意识比任何时候都强，一些小型鸟类经过倒也无妨，它们重点防御那些和自己体型不相上下的“对象”。

从老鹫夫妇巢区往北约5千米，有一座红山，红山之上也有一处悬崖峭壁，悬崖上有个巢穴，此巢穴的主人是胡兀鹫。胡兀鹫身上最典型的特征莫过于喙下有一撮胡须，因而得名胡兀鹫。这胡兀鹫虽然和高山兀鹫属于同一科，都是食腐动物，不过二者行为上有很大的差异。高山兀鹫喜欢群居生活，胡兀鹫则爱独来独往；高山兀鹫性格温顺，只吃腐肉，胡兀鹫则剽悍暴力，既吃腐肉也吃活物。不过，要论智商，在整个鹫类家族中，胡兀鹫可谓是一骑绝尘，它非常善于解决现实中的问题。比如，很多猛禽对于陆地上爬行的乌龟无计可施，无论它们的喙和爪有多么锋利，面对厚厚的龟壳，都无技可施。可偏偏这胡兀鹫就有办法，一旦它发现了乌龟，就会用爪子抓住乌龟，随后携带其飞上天。当然不是为了带乌龟去看风景，而是到达一定高空后，选择一块岩石嶙峋的地方，将其狠狠地丢下去。随后砰地一声，乌龟重重摔下，再坚硬的龟壳也抵挡不住这一下重摔，摔得那叫一个四仰八叉，血肉模糊。随后，胡兀鹫轻轻地落到乌龟尸体旁边，用爪子摁住龟体，狠狠地用喙撕开龟肉，吞进自己肚子里。就这样，一只“百年寿仙”被胡兀鹫夺走了生命。

胡兀鹫聪明是聪明，可有些时候却过于聪明了。它住在老鹫夫妇北方，相隔一段距离，本来可以相安无事。可是，胡兀鹫平日里喜欢干些偷鸡摸狗的勾当，比如偷点人家的食物和巢材。它远远瞅见金雕捕抓了一只北山羊，立即跑过来抢夺食物。由于金雕先前捕猎北山羊消耗了很大的体力，胡兀鹫就想乘机火中取栗。可是金雕不会善罢甘休，死命追赶。

从体型上看，胡兀鹫并不怵金雕，甚至比金雕还要大。可是在战斗力上远逊于金雕，十战九输。一方面是胡兀鹫做贼心虚，只好逃之夭夭；另一方面金雕凶猛，护食心切，穷追不舍。双方在空中上演了一出“警匪片”，可惜这胡兀鹫只顾逃跑，慌不择路，全然不顾已闯入其他鸟的领空。在猛禽的世界有一项不成文的规定——不能低空飞过别人的巢区，尤其是在繁殖期内。繁殖期内的猛禽为了保护雏鸟，其领地意识比任何时候都强。不过一些小型鸟类经过倒也无妨，这些猛禽重点防御那些和自己体型不相上下的对象。因此，你甚至可以看到一群繁殖期内的灰喜鹊围攻红隼的场景。

○ 胡兀鹫

○ 金雕

“屋漏偏逢连夜雨，船迟又遇打头风”，这只胡兀鹫只顾逃命，偏偏从高山兀鹫的巢区飞过。胡兀鹫原本和高山兀鹫并无瓜葛，虽然胡兀鹫也吃腐肉，但对骨头情有独钟。可是这次不同，胡兀鹫违背了猛禽互不侵犯的默契，触犯了高山兀鹫的底线。在外巡逻的老鹫首先发现了这只胡兀鹫，二话没说立即进行驱逐。高山兀鹫本是群居动物，眼见外敌入侵，同伴浴血奋战，岂有不帮之理。紧接着，4 只高山兀鹫先后加入了战斗。胡兀鹫哪敢恋战，只顾赶紧逃走。

正在此刻，后面的金雕恰好赶到，也加入了战斗。胡兀鹫无法躲避，只好丢下食物被迫应战，和金雕在空中扭打在一起，从空中一直打到地面，胡兀鹫寡不敌众，落荒而逃。高山兀鹫们的目的达到了，原路返回。

博士说有话

胡兀鹫

胡兀鹫的长相非常奇特，全身羽色大致为黑褐色。它的头和颈都不像秃鹫、高山兀鹫那样裸露，而是具有锈白色的完整羽毛。眼睛前方和后方长有贯眼黑纹，由黑色的须状羽毛组成。胡兀鹫的飞行本领高超，为了寻找食物，一天可以飞行9~10个小时。在高空翱翔时，它善于借助上升气流，可以飞到海拔6 000米的高空。此外，胡兀鹫还善于超低空机动飞行，它可以利用尾羽轻微转动，在近地面3~5米的高度实现高速低空飞行。与其他食腐的兀鹫和秃鹫不同，胡兀鹫不完全依赖腐肉，它可以捕杀一些活物，比如一些中小型的鸟、兽。马鸣研究员在和硕县考察的时候曾经观察到四五只高山兀鹫追赶一只胡兀鹫，突然在高山兀鹫群中出现一只金雕。马鸣研究员认为可能是因为胡兀鹫与金雕争夺食物或者领地导致冲突。（《新疆兀鹫》P179，科学出版社）

II

主角诞生

经过老鹫夫妇的悉心照料，主角小七终于破壳而出。刚来到这个世界的小七，在白山的巢中探索着成长。

1

破壳而出

随着“咔”一声清脆的破壳声，一片蛋壳落到地上，里面的小兀鹫探出了小脑袋，好奇地感知外面的世界。

赶走了红嘴山鸦之后，鹫妈终于可以安心孵蛋了。在巢中孵蛋是一件非常消耗体力的工作，它也需要休息休息、活动活动筋骨。当鹫妈休息的时候，老鹫会过来接替孵蛋。铁打的营盘流动的兵，外界温度低，蛋不可以长时间暴露在空气中。偶尔中午温度较高的时候，老鹫也会把蛋晾一会，翻动一下，让整个蛋均匀接收鹫妈的热量，这样更有利于胚胎发育。在整个孵蛋期间，老鹫夫妇竭力配合，不辞劳苦，真可谓“殚精竭虑终为子，可怜天下父母心”。单靠一方的努力是无法完成孵蛋这一重任的，如果孵蛋期间，夫妻一方出现意外，死于非命，另一方往往会选择弃巢，因为单亲父母即便可以把蛋孵化出来，也无法完成育雏的任务。

经过老鹫夫妇的精心照料，55 天后的一个早晨，老鹫腹羽下的蛋出现轻微的裂隙。里面的小兀鹫身体已经初步发育完善，具备了一定的活动能力，它最后要做的就是用自己的喙把坚硬的蛋壳敲碎，只有这样才可以看到外面的世界。这个过程必须由自己独立完成，父母只能待在一旁看，绝不能上前帮忙。如果父母用喙磕破蛋壳的话，轻则会伤到弱小的孩子，重则会揠苗助长，把尚未发育完全的孩子带到这个世界，这是一种莫大的伤害。小兀鹫的独立之路从破壳那一刻开始，它努力地用喙去磕坚硬的蛋壳，一下、两下……这个过程往往会持续一段时间，快则十几分钟，慢则一两天。蛋壳外面的父母只能焦急地等待。经过小兀鹫的努力，蛋壳裂开了一道缝隙，沿着这道缝隙，小兀鹫继续用力，缝隙越来越大，越来越宽。随着“咔”的一声清脆的破壳声，一片蛋壳落到地上，里面的小兀鹫探出了小脑袋，感知外面的世界。不过，此时它还无法睁开眼睛，不能看到外面的世界。头出来之后，小兀鹫继续努力，用自己的脚把剩下的蛋壳踢开。它终于破壳而出，来到这个新奇的世界。由于这是老鹫的第七个孩子，我们姑且叫它小七吧。

小七刚来到这个世界，毛茸茸缩成一团，如同一团棉花，又似一只小鸡，体重仅 200 余克，比蛋的重量还要轻一些。鹫妈立即用腹羽把小七盖住，这个时候，小七还不能自主维持体温，必须依赖妈妈的体温。

○ 小七 -赵序茅　拍摄

小七出生后，老鹫夫妇的任务更重了。高山气候寒冷，幼鸟不能抵抗严寒。小七出壳的前三周，鹫妈要日夜在洞穴中照顾孩子。雄兀鹫不仅要寻找食物，喂养母子俩，还要时刻警戒周围的天敌，驱赶外界的干扰。

出壳后的一周内，小七几乎每天都是昏昏欲睡，吃饭的时候，鹫妈把半消化的食物通过口对口的方式喂给小七。大概一周后，小七终于可以睁开眼睛了，它第一次看到外面的世界，第一次见到身边的妈妈。鸟类有一种印记行为，它会把出壳后第一次看到的事物当成自己的父母。谢天谢地，小七的妈妈一直就在身边，它不会认错。如果恰逢红嘴山鸦或者喜鹊闯进了，那它就真可能会“认贼作父”了。

一天中大部分时间，鹫妈在巢中照看孩子。它这一天的行为大致分为：暖幼、取食、喂食、理羽、休息、观望、站立。这期间，鹫妈恋巢心切，几乎寸步不离，偶尔离巢出来透透气，一有风吹草动，立即归巢。鹫妈在家照看孩子，老鹫主要在外面寻找食物。高山兀鹫把食物存储在自己的嗉囊内，喂食的时候再将嗉囊内的碎肉通过嘴对嘴的方式吐给自己的配偶和幼鸟，整个过程会持续 5~10 分钟。

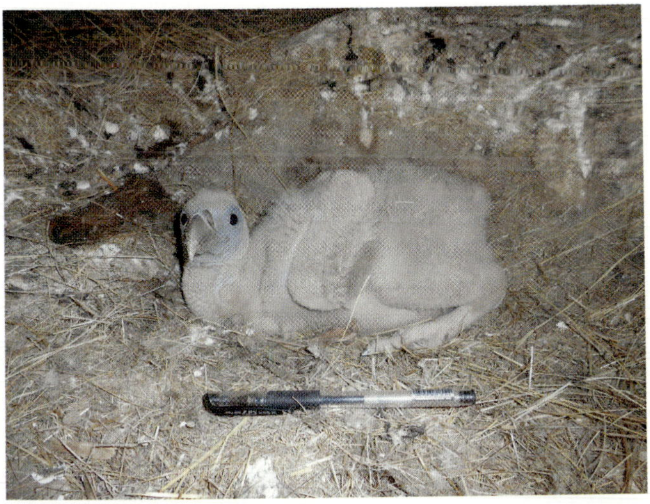

○小七 -赵序茅　拍摄

有一次，老鹫回到巢中，小七立即迎凑了过来，伸出脖子，张开嘴巴，一边呻吟，一边乞讨，不停地把喙凑到父亲的喙旁。紧接着，小七用头顶或者喙来顶撞或叼啄爸爸的嗉囊，后来竟然把喙直接伸入爸爸的喙中，刺激爸爸把食物吐出来。可是这一次无论小七如何努力，如何撒娇，如何乞讨，爸爸都没有把喙里的东西吐到它的嘴里，而是把头一侧，直接吐到了巢中。原来这次雄兀鹫带来的不是食物，而是一团兽毛，它将吐出的兽毛铺垫在巢中，可以更好地给小七保暖。小七踩在软绵绵的兽毛上面，舒服极了。

每过几天，老鹫夫妇就会从外面带回来一些干草铺垫在巢中，就像它们产蛋前一样。这是因为小七行为能力不足，不能到巢外面排便，只得把粪便排在自己巢中。时间一长，巢内不仅潮湿，还会弄得小七一身粪便，不干净，更不卫生。小七父母把带回来的干草铺垫在巢中，遮盖住小七排出的粪便。

还有一次，老鹫从外面带回一团特殊的干草，叶子如同针尖，触碰下还有些扎人，靠近嗅一嗅，有一股浓烈的气味。这是一种叫做麻黄的植物。

老鹫为何往巢中带麻黄？

麻黄草是一种药草，可以起到抗菌消毒的作用。这时候，小七行动不方便，吃喝拉撒都在巢中，把巢弄得脏兮兮的，容易滋生病菌。难道老鹫夫妇精通中医，要用麻黄草为鸟巢消毒？其实这只是天性使然，老鹫夫妇很可能是就地取材、歪打正着而已。

鹫妈把药草垫好之后，用爪子在上面踩了踩、压了压。小七看到新垫的药草，立即明白妈妈的意思，它躺在上面，软绵绵的，真舒服。

不一会儿，老鹫回来了，仍然从嗉囊里吐出一团草，和先前的一样，还是麻黄。鹫妈用同样的动作，把药草垫好、压实。

在小七成长的过程中，老鹫夫妇隔三岔五就弄些新鲜的草回来铺垫。除了麻黄，还有苔草。就这样，小七的巢越来越大。

博士有话说

高山兀鹫的繁殖期

高山兀鹫的繁殖周期漫长，根据马鸣研究员的野外观察得知，高山兀鹫于每年的12月上旬到次年的3月营巢，1~5月产卵、孵化。在人工饲养的环境下，高山兀鹫的孵化期一般为54~58天；野外环境下多为58~61天。3~9月育雏，最晚可以达到10月。高山兀鹫的育雏期是国内已知鸟类中最长的，可达7个月之久。孵化期间高山兀鹫夫妇日夜轮流守候着巢中的卵，白天大多以雌兀鹫孵蛋为主，雄兀鹫主要负责警戒和换孵。

2

驱赶飞机

一天中午，老鹫在巢区周围巡逻，突然天空中出现一个“不明飞行物”，在慢慢升空并慢慢接近自己的巢区。但见这个飞行物，浑体白色，方方正正，四个角各有一个旋转的桨，一边飞还一边发出嗡嗡的响声。

在白山的巢区，小七并不孤独，它有好多邻居。仅仅是在白山陡峭的悬崖处，就分布着100多个大小不等的洞穴，洞口朝南，两个洞穴相距7~10米，这些洞穴都被不同的高山兀鹫夫妇占据。高山兀鹫和别的鸟儿有些不同，它们的生育期并不是同步的，当小七破壳而出的时候，还有一些高山兀鹫夫妇刚刚产下卵正在孵化。它们为何彼此错开？或许是因为食物的缘故。如果这群高山兀鹫同时产卵，同步孵化，同期育雏，食物的需求量太大，一时间恐怕很难找到这么多食物。繁殖期能够彼此稍微错开，整个群体对于食物的需求量就会大大降低。

小七待卧巢中，它现在的活动能力很有限，基本上是“衣来伸手，饭来张口”，当然它不需要穿衣服，但要依偎在母亲的身边，靠母亲的体温温暖自己。这段期间老鹫夫妇分工明确，鹫妈主要在家里带孩子，老鹫则负责到外面找吃的、在家门口巡逻和驱赶一些不速之客。

○ 老鹫巡逻

一天中午，老鹫在巢区周围巡逻，突然天空中出现一个“不明飞行物”，在慢慢升空并慢慢接近自己的巢区。但见这个飞行物浑体白色，方方正正，四个角各有一个旋转的桨，一边飞还一边发出嗡嗡的响声。老鹫非常好奇，这个飞行物身上既没有羽毛覆盖，也没有头、眼和脚。它长这么大从来没有见过这种东西。

原来这个不明飞行物是马鸣老师操控的小型无人飞机。为了调查研究高山兀鹫的生活，又不至于干扰它们，马老师试着用无人飞机携带相机抓拍高山兀鹫巢中孵化的场景。马鸣老师本是一片好意，不曾想冒犯了在外巡护的高山兀鹫，这下有好戏看了。

老鹫非常好奇，也非常警觉，开始它不敢靠得太近，只是在飞行物的上空盘旋。对于猛禽，那是“一寸高一寸强”，占据空中上方的位置是至关重要的。同样的 100 米距离，如果人类和猛禽处于同一高度，它们会非常恐惧；如果猛禽距离人上方 100 米，它们就会镇定自若。这里面的奥妙在于，猛禽捕猎一般都是从高空向下俯冲的，只要占据了高的位置就掌握了战场上的主动权。

占据了空中优势之后，老鹫便开始打量这个不明飞行物。从体型上对比，自己明显处于上风。成年的高山兀鹫翅膀展开足有 3 米，眼前的飞行物不过 50 厘米左右，在高山兀鹫面前相形见绌。在兀鹫家族中，高山兀鹫不算是最大的，世界上最大的兀鹫是生活在北美的康多兀鹫，被称为“安第斯神鹰”。成年康多兀鹫的翼展可以达到惊人的 3.2 米，据记载，最大的一只康多兀鹫，两翅展开达 5 米，都赶上一架小型滑翔伞了。除了体型，在飞行速度和飞行高度上那个不明飞行物也无法和高山兀鹫相提并论。高山兀鹫的最大飞行高度可达 8 000 多米，是少数可以飞越珠穆朗玛峰的鸟类，而那个“不明飞行物”的极限高度不过 100 米，根本不在一个水准上。

老鹫探明敌情之后，对于无人机的态度由好奇转为愤怒，最后竟然下达了“逐客令”，准备对这个不明飞行物进行武力驱赶。可是空中的飞行物是接受人类控制的，它自己并没有随机应变的能力，任凭高山兀鹫如何驱逐，就是不买账，依旧我行我素。当无人机到达巢穴的高度，准备接近巢穴的时候，老鹫彻底被激怒了。它盘旋、环绕、俯冲、接近无人机，试图将这个讨厌玩意儿给拍下来。

马鸣老师发现情况不妙，立即把无人机收回。野外研究观察，一个最根本的原则就是不能干扰动物们的正常生活。

○无人机 -马鸣　拍摄

博士说有话

无人机监拍高山兀鹫

高山兀鹫，这种鸟儿非常神秘，巢建在高高的悬崖上，难以接近。随着中国无人机技术的快速发展，马鸣研究员尝试利用无人机追寻和拍摄高山兀鹫。这次马鸣研究团队试用的无人机均为国产超小型无人机，一种卫星导航可以遥控的八旋翼、六旋翼或四旋翼飞机。无人机可持续飞行 10~20 分钟，每次携带 4 套电池、6 台微型录像机或照相机，一天可以飞行至少 4 次。多旋翼无人机可同时悬挂 6 台自动拍摄装置，能拍摄全景图像，实时监控。马鸣研究团队采用遥控无人机，在锁定崖壁上的猛禽巢区后，将无人机放飞至海拔 3 000 米高度，成功拍摄到了巢中的亲鸟、雏鸟、巢的结构及环境照片和录像。这不但降低了科研人员攀爬山崖的风险，还可从高空快速统计和获得高山兀鹫窝的结构、窝卵数、窝雏数、成活率、繁殖周期、幼鸟不同发育阶段等信息，对于大型食腐猛禽的保育和研究具有重要价值。

3

雕鸮进巢

一只棕褐色的大鸟突然降临巢穴。它不同于叽叽喳喳的喜鹊和吵吵闹闹的红嘴山鸦，它悄无声息地降临，几乎没有发出一丝声音。

3月的天山，表面上丝毫看不出春天的迹象，冰雪依旧覆盖大地，仿佛一切都不曾改变。其实严冬只不过是表象，表象的下面已经孕育着春天的生机。积雪覆盖下的种子已经悄然萌发，只待一场春雷就可以破土而出；冰封下的河流早已暗流涌动，蓄势待发；迁徙的鸟类已经在赶来的路上。

赶走了无人机后，老鹫获得了短暂的安宁，可是威胁并没有结束。鸟以食为天，老鹫一天最重要的事情就是寻找食物。由于另一半要在巢中照顾孩子，它寻找食物的担子更加沉重了。小七3周龄时，鹫妈可以短暂地离巢了，以前一天都在天上飞翔，育雏期却天天待在狭小的空间里，也需要到外面活动筋骨，不过鹫妈只是在巢穴的周边转悠，从来不远离。鹫妈一般会在中午离巢，这个时间段气温相对较高，小七可以独自待一会儿而不会感觉寒冷。这一次也不例外，鹫妈离开了巢穴，它宽阔的翅膀可以敏锐感受到热空气上升带来的浮力，不需要任何动力就可以翱翔。鹫妈沿着自己的领地进行巡视，那是它的地盘，它熟悉这里的每一座山头、每一块草地、每一条河流。

鹫妈离开了巢穴，小七独自待在巢中有些无聊。此刻的它还无法掌握鹫类家族的各个动作要领，只能简单地站立、张望，发出叽叽的叫声。高山兀鹫家族的声音是单调的，它们不像鸣禽可以唱出大自然的赞歌，只会几个单调的音节，用来表达最基本的生存需求，比如饥饿、恐惧。而成年的高山兀鹫连这几个最单调的音节也省略了，基本上不会出声，只有彼此争吵打斗的时候发出几声低沉的威胁。

鹫妈走后不久，一只棕褐色的大鸟突然降临巢穴。它不同于叽叽喳喳的喜鹊和吵吵闹闹的红嘴山鸦，它悄无声息地降临，几乎没有发出一丝声音。小七从来没有见过这种大鸟。它的体长足足70厘米，虽然没有父母高大，可是在小七的眼里已足够伟岸。它全身棕褐色的羽毛上布满了黑褐色的竖纹；大大的面盘，如同一只大猫，令人不寒而栗；头部两处明显的簇羽，好比将军头盔上的长缨，不怒自威。小七害怕极了，把身体紧紧蜷缩成一团。

来者正是雕鸮，这是世界上体型最大的猫头鹰。这雕鸮不知从何而来，更不知将要往何处去。或许它是偶然路过在此歇脚，或许它是蓄谋已久想占领这处巢穴，或许它因饥饿难耐在此寻找食物。理性来看，雕鸮有占据别鸟巢穴的黑历史，之前占过金雕、乌鸦的巢穴。不过，它占据的大多数是别鸟遗弃的巢穴，捡漏而已。如果此处孤零零一个巢穴，雕鸮有可能过来探探虚实。而此处是高山兀鹫的巢区，有几十个巢穴，即便是吃了豹子胆，它也不敢在高山兀鹫群里强占高山兀鹫的巢。雕鸮是夜行性猛禽，在晚上捕猎，它的视力在白天可以忽略不计，哪怕是饥饿难耐也不会跑到高山兀鹫巢中碰运气。这只雕鸮最有可能是活动了一夜了，想暂且找个洞穴歇歇脚，不曾想误入高山兀鹫的巢穴。

○ 雕鸮

雕鸮立在洞穴旁，收起来一只脚，单腿站立，小寐了一会儿。看来它没有伤害小七的意思，要不然凭借雕鸮凶悍的捕猎能力，一秒之内就可以把小七擒获。在高手如云的猛禽中，雕鸮的捕猎能力属于顶级行列，它平日里以小型兽类和鸟类为食物。雕鸮属于一种特殊的存在，它视力不好，不过面盘可以转动，弥补视线的缺失。雕鸮的听觉极为灵敏，可以感知几百米外的风吹草动；它的喙异常强大，足以把野兔的脖子拧断；它的爪锋利无比，可以瞬间刺破猎物的胸腔。和眼前强悍的雕鸮比，别说是小七，即便是老鹫夫妇也未必是它的对手。

小七从恐惧中反应过来，它开始呼唤，发出叽叽的叫声。敏锐的雕鸮立即捕捉到眼前的叫声，它好奇地睁开眼睛，虽然看不清楚，不过它可以感觉到面前的小七。小七更加惊慌，用尽全力发出急促的叽叽声。在外巡查的鹫妈听到了巢中的呼喊，立即飞回来了。鹫妈在门口正面撞上雕鸮，一个是护子心切急入巢，一个是暂且安身巧避难，两只猛禽相遇哪容分说。这边鹫妈立即张开刚刚收起的翅膀，脖子上的羽毛立即竖立起来，一副拼命三郎的架势；另一边的雕鸮，也是展开翅膀，面盘的羽毛立起来，发出低沉的呼呼声，一副毫不畏惧的姿态。两只大鸟进入相持阶段，鹫妈意在驱赶来者，雕鸮俨然无知无畏。说时迟那时快，鹫妈先发制人，挥舞翅膀，伸开脖子用喙啄向雕鸮；雕鸮以逸待劳，避开正面，一下子绕到鹫妈的侧面，躲过一击。一来，鹫妈体型庞大气势汹汹，体型上占据绝对优势；二来，鹫妈在自己的领地上作战，底气足。反观雕鸮，先是体型上矮了一节，又是在人家地盘上，再者白天作战不是自己的专长。三十六计走为上，雕鸮躲开鹫妈的进攻，顺势跑到洞外，一溜烟飞走了。见赶走了雕鸮，鹫妈目的达成，也不再追赶。

鹫妈走到小七跟前，母子相偎相依。洞穴恢复了宁静，小七有惊无险，躲过一劫！

博士有话说

雕鸮是体型最大的猫头鹰

雕鸮分布广泛，栖息于山地森林、平原、荒野、林缘灌丛、疏林，以及裸露的高山和峭壁等各类环境中。雕鸮食性很广，主要以各种小型啮齿类动物和鸟类为食，为国家二级保护动物。马鸣研究员在天山用红外相机监测高山兀鹫的时候，曾经发现一只雕鸮误入高山兀鹫的巢穴。

III

抚养幼崽

虽说小七已从壳中出来有一阵子了，但是仍然需要老鹫夫妇来投喂。在天寒地冻的天山，老鹫夫妇不但要为巢中嗷嗷待哺的小七终日奔波觅食，还要时刻提防着周边的“邻居”们。

1

雪豹来了

雪豹是天山上最大的猫科动物，是食物链中的顶级王者。一直以来，高山兀鹫和雪豹保持着微妙的关系。平日里高山兀鹫喜欢跟在雪豹后面，雪豹捕猎后一时间难以把猎物都吃光，这个时候高山兀鹫们就会过来蹭饭。反过来，高山兀鹫在天空中视野开阔，特别擅长发现一些老弱病残的动物个体，这会给雪豹提供捕猎的线索。

新疆最显著的特点是冬夏漫长，春秋短暂，到了3月底，物候变化的速度一下子进入快车道。昨日还是冰封的河流，彷佛一夜间具备了神奇的魔力，挣脱冰冻的束缚，哗啦啦地流向远方；河边的绿柳一周前还在羞答答地吐着嫩芽，突然之间像化了妆似的，不知从哪里变出来这么多妩媚的“柳叶吊稍眉”；沉默了一个冬天的森林一下子喧闹起来，喜鹊、柳莺、百灵在树枝上开始演奏一场大自然的交响曲。

春季是快节奏，可是小七却明显没能跟上春的节奏。它依旧待在阴暗的巢穴里，仅能在巢穴附近踱来踱去，中午的阳光射进洞穴，它踉踉跄跄走了几步，从黑暗走向光明，让身体沐浴在阳光下，舒服极了。此刻的小七已经褪去白色的绒毛，换上灰不溜秋的新装。老鹫夫妇依旧忙碌着外出寻找食物。不过，这个季节相对好过，一些有蹄类动物熬了一个冬季终于撑不住，病倒了。老鹫夫妇只要紧跟着这些老弱病残的动物，耐心等待就可以获得吃的。

对地面的大型猛兽而言，日子并不好过，经过一个冬天的减员和磨炼，剩下的食草类动物都是百战余生的精英，想要捕获它们绝非易事。一只雪豹饥肠辘辘好几天了，它在四处寻找食物。雪豹是天山上最大的猫科动物，是食物链上的顶级王者。一直以来，高山兀鹫和雪豹保持着微妙的关系。平日里高山兀鹫喜欢跟在雪豹后面，雪豹捕猎后一时间难以把猎物都吃光，这个时候高山兀鹫们就会过来蹭饭。反过来，高山兀鹫在天空中视野开阔，特别擅长发现一些老弱病残的动物个体，这会给雪豹提供捕猎的线索。

○ 北山羊 -赵序茅　拍摄

○ 雪豹

黎明时分，老鹫夫妇在巢中守护着小七，它们还在睡梦中。而此时是雪豹捕猎的最佳时机，它早早地出门，沿着山谷搜索周遭的目标。黎明是许多小动物们去河流边饮水的时间。这次，雪豹的运气有些背，它一连走了几千米都没有发现猎物的踪迹。雪豹是一位机会主义捕猎者，不止是北山羊，沿途其他的小动物们也都被纳入它的菜单中。它从河谷走向山脊，山脊也是它固定的巡猎路线。山脊上视野开阔，可以清楚地看到两侧山坡上的猎物——北山羊。在天山上，北山羊是雪豹的主要食物之一，它熟悉北山羊的作息规律。黎明或者傍晚，北山羊喜欢在山坡上过夜。可是一圈下来，雪豹一无所获。它有些不甘心，想到其他地方碰碰运气。它走到了白山上，在通往悬崖的地方有一条陡峭的小道，坡度大约有70度，天山之上，只有雪豹和北山羊走得通。雪豹强壮有力的前肢和长长的爪子可以很好地抓牢岩石，再加上一条长长的尾巴，在跳跃的时候可以保持身体的平衡。它是天生的攀岩高手，这点斜坡对它而言不算什么。雪豹俯下身子走到了斜坡的尽头，相隔3米有一个悬崖上凸起的岩石平台，平台里面是一个天然的岩石洞穴，洞穴里面便是老鹫夫妇的巢。雪豹站在斜坡的尽头打量了一下，已经看到了平台后方的洞穴，它在犹豫是跳到平台上去，还是原路返回。或许它想到洞穴里面试试运气，或许它只是像雕鸮一样找个洞穴暂时休息下，没人知道这只雪豹在想什么。只见，它纵身一跃，跳到了平台上。这点距离对它而言太小儿科了。一只成年的雪豹可以垂直跳到3米高的岩石上，抑或是在助跑的情况下跳过10米的山涧。

这只雪豹跳到了平台上，奇怪的是它重达40多千克的身子落下去竟然没有一丝声响，它脚下有着厚厚的肉垫子，如同是运动鞋的气垫，可以很好地缓解跳跃产生的冲击力。紧接着，雪豹从平台走向洞穴。它走路的姿态和狼不同，爪子不伸开，如同握着的拳头，没有任何动静。雪豹神不知鬼不觉走进了洞穴，它把舌头伸出来舔了几下。它太饿了，估计是闻到了洞穴里腐肉发出的味道。

睡梦中的老鹫猛然惊醒，它被眼前这只黑白色的豹子给惊住了。虽然平日里没少和雪豹打交道，可是当它以这种形式出现的时候，还是有些不知所措。老鹫立即跳起来，张开翅膀，竖起脖子上的翎羽，羽毛蓬松后，显得比平日里高大许多。这是很多动物惯用的招数，遇到威胁时，让自己的毛发或者羽毛张开，比平日里更显高大威猛，以达到恐吓对方的目的。别说是动物，人类也是如此，人类遇到危险时，汗毛立起来也是同样的道理，只不过人类的汗毛太短，达不到类似的效果。

雪豹被眼前的架势镇住了，它先是后退了几步，缓过神来之后，嘴里发出嘶哑的咆哮，前爪开始晃动，这是它恐吓的动作。它们开始互相威胁。动物界但凡是势均力敌的对手之间，很少能发生你死我活的争斗。捕猎是个例外，那是一场非对称的战斗。一方是高山兀鹫，主场作战，气势汹汹，保家护子把敌退；另一方是雪山之王，独闯洞穴，虎视眈眈，饥不择食把肚填。双方开始短暂的僵持，都不敢贸然发起进攻。

巢穴中的小七从梦中惊醒，它第一次看到如此庞大的豹子。只得眼巴巴看着爸妈和雪豹对峙。它害怕极了，发出叽叽的叫声。这微弱的叫声在宁静的洞穴里显得格外响亮。对老鹫而言，小七的叫声如同战场上吹响的冲锋号。老鹫抖擞精神，猛然一扇翅膀飞到半空，立即伸出爪子奔向雪豹的头部。只可惜高山兀鹫的爪子早已钝化，难以产生足够强大的杀伤力。好在雪豹被这突如其来的打击惊住了，它后退一步，猛然回头，腾空一跃离开了巢穴。老鹫再一次保护了自己的孩子，雪山之王狼狈地离开了。

博士_说有话

雪豹进高山兀鹫巢

为了观察、研究高山兀鹫的繁殖期行为，马鸣团队在新疆乌鲁木齐后峡高山兀鹫的巢中布设了几台红外相机，用于拍摄高山兀鹫的行为。在 2015 年 3~4 月，曾经分别拍摄到雪豹和雕鸮闯入高山兀鹫巢中。（《新疆兀鹫》P181，科学出版社）

2

山羊之殇

在峡谷方圆三千米的范围内，陆陆续续有几十只北山羊的尸体。它们横七竖八地躺在地上，可谓“积尸草木腥，流血川原丹”，看样子这群北山羊死亡的时间不长，因为尸体还没有完全腐烂。

○ 阿波罗绢蝶

4月，天山已经有了春天的痕迹，同样的道路，同样的峡谷，气候惬意，谷中溪流明显提速，绿芽变成了新叶，蝴蝶的舞步更加轻灵。这里最引人注目的就是沟里的蝴蝶，有家蝶、眼蝶、粉蝶、凤蝶、绢蝶。不仅种类多，而且数量大，称之为蝴蝶谷一点不为过。众多蝴蝶中，最为有名的就数阿波罗绢蝶了。此蝶是最早列入《濒危野生动植物种国际贸易公约》（CITES）的昆虫，也是我国二级重点保护野生动物，是中国蝶类中最为珍贵的蝶类之一——冰河期残余种。阿波罗绢蝶全翅乳白透明，有5~6块黑斑，后翅中部和前部各有一个带黑圈的红色眼斑，甚为美丽。它们栖息于海拔750~2000米的高山区，耐寒性强，常常生活在雪线上下。

小七却看不到这些美丽的蝴蝶，它虽然活动能力增强，可以在巢中慢慢走动了，但还是步履蹒跚。小七的邻居们也纷纷破壳而出，整个巢区对于食物的需求日益增加。老鹫夫妇每天一早就出门寻找食物。高山兀鹫家族十分团结，它们本着“有福同享，有难同当”的精神，只要有一只找到了食物，它会立即释放信号告诉周围的伙伴们，然后伙伴们从四面八方赶来。但是这种共享食物的策略也存在一个问题——分配到每一只个体的食物就少了。高山兀鹫这种觅食策略和它们的食性密不可分。高山兀鹫是食腐动物，不需要花费额外的体力捕猎，只要发现猎物就意味着成功。再者，高原上腐肉的密度比较低，群体行动可以大大提高发现猎物的概率。

老鹫在空中盘旋，它敏锐的视力可以清楚发现地面的蛛丝马迹。突然，在后峡山谷里发现一只死去的北山羊，它立即降低飞行高度。“众里寻他千百度，蓦然回首，那‘羊’却在山谷里。”好家伙，不是一只，而是一群！在峡谷方圆三千米的范围内，陆陆续续有几十只北山羊的尸体。它们横七竖八地躺在地上，可谓“积尸草木腥，流血川原丹”，看样子这群北山羊死亡时间不长，因为尸体还没有完全腐烂。

北山羊浑身褐色，和周围岩石巧妙地融合在一起。它们是群居动物，是有名的登高健将。北山羊体型比较大，成年雄性个体可以达到60~80千克。老鹫对北山羊并不陌生，从前也多次发现过北山羊的尸体，但那些大多是衰老而自然死亡的，或者是遭到猛兽袭击死亡的。而眼前这群北山羊几乎都是清一色的年轻羊，此事必有蹊跷。

老鹫立即把这消息通知自己的伙伴，半小时内，附近的高山兀鹫迅速在此聚集，如同赶集一样。难得一遇的饕餮盛宴，可以满足高山兀鹫1个月的口粮。老鹫开始行动了，它对动物的内脏情有独钟。老鹫先从北山羊的肛门处啄开，喙顺着肛门伸进肚子里，掏取内脏。这个时候，它那脖子秃得恰到好处，可以毫无阻障地伸进去，而脖子周围的羽毛恰似围裙一样，避免弄脏身体。几秒之后，老鹫收回脖子，抬起头，吞咽获取的内脏。此刻它满脸沾满血迹。老鹫大快朵颐，它已经很久没有吃到这样的大餐了。大

○ 高山兀鹫聚集 -赵序茅　拍摄

○ 有福同享 -马鸣　拍摄

约半小时后，老鹫已经是肚囊满满，踉踉跄跄退几步，给其他还没有吃饱的伙伴们腾出空间。这一次，老鹫不仅自己吃了个痛快，也给小七带了足够多的食物。由于食物短缺，小七也是很久没有饱餐一顿了。

可是这些北山羊是怎么死的呢？为何尸体聚集于此。狼和雪豹是北山羊的天敌，可是眼前的北山羊绝非天敌所杀。没有哪种动物拥有一次把这么多北山羊杀死的能力。更为关键的是，这些北山羊身上压根就没有伤口。从现场看它们应该是死于某种传染病。可以想象：先是一只羊得了某种传染病，很快在羊群中蔓延开来，以至于这么多羊先后死去。更为可怕的是这些疾病还可能继续蔓延，传给其他动物。另外，这些北山羊距离牧民的冬窝子不足 3 千米，很有可能将疾病传给家畜，造成大量家畜死亡。而被感染的牛羊一旦被不法商人利用进入市场销售，又会危及人类健康。

好在这群死去的北山羊被高山兀鹫提前发现了。高山兀鹫是雪域高原上的清道夫，它们的任务就是迅速发现动物尸体，随即清理。不要小看它们吃腐肉的行为。地球上每时每刻都有各种各样的动物因衰老、疾病、天敌伤害而死亡，而这种死亡恰恰是大自然生命中必不可少的一部分。动物的死尸不同于被捕获的猎物，对凶猛的食肉动物来说，除非饥饿难耐，否则它们不愿意“消费”这些自然死亡的动物。高山兀鹫的主要任务就是把这些尸体给清理掉，既能填饱肚子，又可以净化环境。正是因为鹫类特殊的食性，为尸体的清理做出了重要贡献，它们是名副其实的“高原清道夫”。

高山兀鹫拥有强大的胃酸，尸体一旦进入它们的胃部，疾病传播就会戛然而止。因此，以老鹫为代表的高山兀鹫在生态系统的健康中发挥着不可替代的作用。可以想象，没有了高山兀鹫等食腐动物，那将会是横尸遍野，疾病蔓延。

博士说有话

为何高山兀鹫吃了带病的动物而不得病?

高山兀鹫以各种腐尸为食，排出的粪便却不带菌，也不带病毒。因为它们的胃肠道对食物有消毒作用，病死动物的尸体只要经过高山兀鹫的胃肠道后，就不再具有传染性，这也是鹫类对生命世界的独特贡献。实际上，兀鹫有着令人难以置信的酸性胃，这帮助它们消化骨头和扼杀如炭疽等疾病。它们还进化了免疫力，或者说对某些类型的细菌毒素至少有一定程度的耐受性。事实上，它们的肠道自然地被菌群物种所宿居，这些细菌与致病相关，通常发现于腐烂的肉中。此外，一些兀鹫还会将排泄物排泄到自己的腿上，这种行为被称为尿汗，通常鸟类这样做的目的是为了降温，因为它们不出汗。但科学家认为排泄物可能也有抗菌性，并能帮助清洁它们的腿。保持清洁也是高山兀鹫为什么秃头的一个假说，因为脖子和头部的羽毛只会让细菌容易寄生在上面。

3

邻居来访

正当小七百无聊赖之际，突然一只喜鹊飞到了洞穴的前沿，它来回摆了下头，仔细观察了周围的环境。随后，喜鹊双腿“蛙跳”，拖着长长的大尾巴向前迈进，这是它别具一格的行走方式。巢中的小七静静地看着喜鹊，虽然它还是只雏鸟，但是在体型上与喜鹊相比它却是个彪形大汉。

5月，天山仿佛一夜之间进入了夏天，各种小动物们开始活跃起来，北山羊早早地去小河边饮水，旱獭在洞口四处张望警戒敌情，黑耳鸢在空中成群结队……可是小七依旧无法领略夏季的喧闹，它渴望看到外面的世界，但此刻只能待在巢穴中。

然而，小七并不寂寞。巢穴附近，有一群红嘴山鸦，它们是小七的邻居。小七知道附近洞中有许多小伙伴，只是它现在还不会飞，无法离开巢穴和它们一起玩耍。

红嘴山鸦为何会和高山兀鹫比邻而居呢？这是因为高山兀鹫生性温和，从来不欺负小动物，可以和红嘴山鸦友好相处。另外，高山兀鹫和红嘴山鸦是合作伙伴，拥有好多合作的机会。自然界中动物尸体的密度要远远低于活体，目标也不是那么容易被发现。为了解决这一难题，它们选择既单独活动又资源共享，这样就可以尽最大可能扩大搜索范围，进而提高捕食成功率。红嘴山鸦之所以能成为高山兀鹫很好的战略合作伙伴，是因为它们可以为兀鹫提供线索。一旦发现食物，高山兀鹫会迅速降落。小七和红嘴山鸦朝夕相处，它羡慕红嘴山鸦可以每天自由自在地飞来飞去，而自己还不能飞，必须待在洞穴中。

小七周围的邻居很多，不仅有红嘴山鸦，金雕的巢也在附近。金雕是一种非常凶猛的猛禽，按说猛禽家族的地盘应该保持一定的距离，它的巢怎么也在附近？

如今，人类步步紧逼，不断侵占野生动物的地盘。想要找到一处食物丰富又位置隐蔽的环境建巢，是非常困难的。高山兀鹫所在的巢区就是一块风水宝地，这一带距离人类活动的区域较远，外来的干扰少，食物相对

○ 喜鹊 -赵序茅　拍摄

充足，而且山体陡峭，适合建巢，自然许多鸟类都选择在此筑巢。当然，金雕能和高山兀鹫睦邻友好，最关键的是它们的生态位分离，彼此的食物种类不同，不构成冲突。金雕猎取活物，以中小型兽类、鸟类为食，而高山兀鹫吃腐肉。

又是一天的早晨，太阳刚刚升起，老鹫夫妇双双出去觅食，独留小七在巢中。此时的它，身上长了一层黑色的毛发，白天不再需要妈妈提供温暖了，不过夜晚气温骤降，依旧需要依偎在妈妈腹下保暖。小七在巢中东瞅瞅，西看看，偌大的巢穴，和它幼小的身体有些不成比例。这也是高山兀鹫巢穴特殊的一个地方。

正当小七百无聊赖之际，突然一只喜鹊飞到了洞穴的前沿，它来回摆了下头，仔细观察了周围的环境。随后，喜鹊双腿“蛙跳”，拖着长长的大尾巴向前迈进，这是它别具一格的行走方式。巢中的小七静静地看着喜鹊，虽然它还是只雏鸟，但是在体型上与喜鹊相比它却是个彪形大汉。在鸟类中，体型大就是自信的源泉。看到眼前这只喜鹊，小七并没有丝毫的慌张，只是非常好奇，睁大眼睛上下打量这位陌生的“客人”。

喜鹊结束“蛙跳”，改用另一种方式行走——两条腿一前一后迈着大步，走到小七面前，大有一副反客为主的架势。喜鹊一边走，一边打量着地面，好像是在寻找什么。此时，小七在巢中伸出头来，发出叽叽的叫声，好像在说：“这位兄台，光临敝舍，有何贵干？”

喜鹊没有理会小七，在长期的生存中，它对高山兀鹫的行为特征太熟悉了。喜鹊深知，高山兀鹫虽然体型庞大，但是性情温和，即便是成年的高山兀鹫在面前，它依旧大摇大摆，毫不拘束。喜鹊竟然跳到了小七巢的边上，它双腿立于巢外的干树枝上，头一上一下，开始在巢中啄食，很显然喜鹊来这里是寻找吃的。

喜鹊为何跑到高山兀鹫巢中用餐呢？高山兀鹫体型大，食量大，当然浪费也大。每次进食，即便是它们“牙缝里”剩下的也够喜鹊这些小型鸟类饱餐一顿的。更何况高山兀鹫巢中遗留很多食物残渣，这些可都是喜鹊、红嘴山鸦等鸟类的美味佳肴。喜鹊本身是杂食性鸟类，尤其热衷于高能量的肉食，高山兀鹫巢中的食物残渣正好满足它的需求，难怪它多次出现在高山兀鹫的巢中。

于是这只喜鹊大摇大摆来到小兀鹫身边，看来它早已经轻车熟路了。不一会儿，鹫妈回巢了，它看到喜鹊后竟然没有任何异常反应，如同熟人一般。喜鹊也没有因此离开，而是四处瞅瞅，慢悠悠地走到洞口。不久，另一只喜鹊也飞了进来，开始啄食。

此前胡兀鹫仅仅是从高山兀鹫的巢区经过，老鹫夫妇和众高山兀鹫像是如临大敌一般，舍命驱赶。为何喜鹊大摇大摆地来巢中蹭饭，老鹫却不闻不问？这主要是因为二者对小七的威胁不同。胡兀鹫非常凶猛，可以分分钟要了小七的命，而与之相比喜鹊体型小得多，根本奈何不了小七。此外，喜鹊的到来对于小七也是有好处的。喜鹊捡食巢中的食物残渣，可以帮助高山兀鹫清理巢穴。小七自己不善于清理，而喜鹊恰好能帮助它搞卫生，还能抓寄生虫，高山兀鹫自然乐意。就这样因为共同的利益，小七和喜鹊之间形成一个双赢的合作关系。

不过，高山兀鹫孵蛋的时候是不会让喜鹊进巢的，主要是怕喜鹊会破坏蛋。

博士有话说

红嘴山鸦

红嘴山鸦是一种大型鸦类，体长 36~48 厘米。喙、脚红色，通体黑色具蓝色金属光泽。主要栖息于开阔的低山丘陵和山地，飞行的最高高度可达海拔 4 500 米。常见在河谷岩石、高山草地、稀树草坡、草甸灌丛、高山裸岩、半荒漠、海边悬岩等开阔地带活动。地栖性，常成对或成小群在地上活动和觅食，也喜欢成群在山头上空和山谷间飞翔。我在和硕的高山兀鹫巢穴观察时，就看到洞穴的岩缝里有一群红嘴山鸦在此筑巢，与高山兀鹫比邻而居。

○ 红嘴山鸦

4

天山雪莲

就连雪山之上，也时常会有人光顾。原来这些人是来采摘大山雪莲的。人多了，动物就少了，小七的食物受到严重影响。这个时候，你会看到小七的身体有些怪怪的，瘦弱的身体长着和身体不成比例的喙、翅膀、附趾，就像一个瘦巴巴的男孩穿着大号的鞋子和撑不起的风衣。

○ 夏季天山

6~7月的天山正式进入夏季，雨水明显增多，山谷里的风雨变幻莫测，不可估摸，一日有四季，十里不同天。刚刚还是风和日丽，下一秒就可能乌云密布。这里的雨细细的、绵绵的，如梭如麻，很少会出现那种瓢泼大雨。不过，雨水变化多端，细雨中可能夹杂雪花或者冰雹。

老鹫一家的活动极为规律。在风和日丽的时候，它们每天太阳升起的时候就出门觅食，一直到晚上九点多，天空暗淡下来才回巢休息。当然，有时候遇到不好的天气，也会影响它们正常的作息规律。在下雨或者下雪时往往推迟活动，有时甚至整天不活动。不过，天气对于小七来说似乎并没有什么影响，它整日都待在洞穴里，不需要外出觅食。洞穴既能遮风又可避雨，无论外面风云如何变幻，它在巢中岿然不动。尽管如此，小七也不喜欢下雨天，每次下雨，空气中湿漉漉的，异常寒冷。如今妈妈平日里也不在巢中了，它只能蜷缩着身体以维持温暖。

7月中旬，小七可以站立或半蹲休息了。之前小七体弱无力，无法支持整个身体，只能躺着睡觉、进食。如今它可以站着或半蹲休息，这是成长路上的一大进步。对于成年高山兀鹫，站着睡觉是一种本能，这和鸟类的肌肉结构有关系。

在经历北山羊饕餮大餐后，小七的食物来源开始减少。老鹫夫妇每天一早就出去觅食，即便如此，合两鹫之力还是无法保障小七充足的食物。之前1个月，小七可以每天吃上2~3顿饭，如今每天能吃上1顿饭就已经不错了。

老鹫夫妇在外觅食，随处可以看到牧民的牛羊，几乎有水的河谷都有牧民的牛羊。这些牛羊夏季到山腰觅食，冬季到山谷停歇。牧民牛羊的到来，挤压了野生动物的生存空间，它们不得已迁到更远更偏僻的地方，可是这样的地方已经不多了，因为很少有人类难以到达的区域。

老鹫觅食时发现，就连雪山之上，也时常会有人光顾。原来这些人是来采摘天山雪莲的。人多了，动物就少了，小七的食物受到严重影响。这个时候你会看到小七的身体有些怪怪的，瘦弱的身体长着和身体不成比例

○ 羊群

的喙、翅膀、附趾，就像一个瘦巴巴的男孩穿着大号的鞋子和撑不起的风衣。这其实是小七身体的一种适应策略。当身体获取的食物有限时，能量会优先供给运动器官，而减少脂肪积累。这样可以保障高山兀鹫能够按时离开巢穴，这其实也是不得已的办法。

博士说有话

天山雪莲

“耻与众草之为伍，何亭亭而独芳！何不为人之所赏兮，深山穷谷委严霜？”一千多年前，唐代边塞诗人岑参曾经这样吟唱雪莲。天山雪莲，又名“雪荷花”，当地维吾尔语称其为“塔格依力斯”。天山雪莲，菊科凤毛菊属的草本植物，生存在人迹罕至的高山悬崖峭壁，一般认为它生长在海拔3 500~4 000米的高山流石坡以及雪线附近的碎石间。老百姓把生长海拔高度低一点的称为石莲，高一点的为雪莲。其实从分类学上没有这种说法，附近地区分布的都为同一种——天山雪莲。它们能活着全赖自身顽强的毅力！雪莲种子在0 ℃发芽，3~5 ℃生长。幼苗能经受零下21℃的严寒。在生长期不到2个月的时间内，高度却能超过其他植物的5~7倍，它虽然要5年才能开花，但实际生长天数只有8个月。20世纪五六十年代，在天山海拔1 800米左右的地方就可以采到雪莲，当时雪莲遍地皆是；数十年前，在海拔2 800米的天山山区，人们还可看到大小连片的雪莲。而现在，在3 000米雪线之下根本找不到雪莲的踪迹。遭受到毁灭性破坏的雪莲已被列为国家二级濒危植物。

○ 天山雪莲

IV

初露锋芒

眼看着其他的幼崽都已经能自己捕食并且离巢独立，小七却还是“赖”在老鹫夫妇巢中。所以，老鹫夫妇不得不采取特殊的方法让小七迅速掌握生存技能。

1

饥饿疗法

小七有条不紊地进行飞行练习。可是这段时间，爸妈送来的食物却不断减少。每次爸妈从空中经过的时候，小七都使劲呼唤，祈求食物，可是爸妈就是置之不理。

○ 小七一家 -马鸣　拍摄

8月，天山进入一年中最繁茂的季节，这里的一切生命都在卯足劲生长。高山上的冰雪在快速融化，山谷里的小河在冰雪融水的补给下一下子欢腾起来。晚上九点太阳才悄悄落下，这期间老鹫夫妇一天可以有 12 个小时的觅食时间。可是洞穴里的小七依旧无法看到这盛夏的场景。

这段时间小七除了进食、睡觉，还要加紧练习飞行。很多人认为，鸟儿天生就会飞行。其实不尽然，像高山兀鹫这种大型猛禽属于晚成鸟，雏鸟需要不断练习，才可以翱翔蓝天。如今小七初级飞羽已经长出来了，从外形上看初步具备了“成鸟”的模样，只是身体略瘦。这段时间小七的运动能力明显加强，从 8 月上旬开始，小七在巢中的大部分时间都在站立和走动，站累了还会打个哈欠。这打哈欠可不是人类的专利，鱼类、鸟类、爬虫、大部分哺乳动物都会打哈欠。

正常情况下，高山兀鹫雏鸟 2 个多月就可以离巢。小七到了离巢阶段，可是它丝毫没有想要离开巢穴的迹象。一方面由于食物短缺，小七身体发育滞后；另一方面小七十分恋家，家是它温馨的港湾，在家里它可以不用为生计犯愁。

小七目前初级飞羽已经长成，也具备了一定的活动能力，可以试着飞翔，只是还不愿迈出坚实的一步。这也是很多晚成鸟类的习性，离巢前已经具备了飞翔的能力，可是受惯性生活方式的影响，迟迟不肯离巢。鸟类离巢的时机对于以后的生活至关重要。一般而言，像高山兀鹫，它们的雏鸟最好在食物充裕的夏季离开巢穴，然后有了足够的生存能力才能度过寒冷的冬季。

老鹫夫妇也是“恨铁不成钢”，它们迫切需要小七离开巢穴。除了为了孩子，它们还有自己的小算盘。小七离巢后，它们才可能为下一年繁殖做好准备。第二年 1 月，老鹫夫妇就要开始新的繁殖。小七离巢后的相当长一段时间依旧需要父母照顾。这样算来，即便是小七 8 月离巢，然后老鹫夫妇也只有 3 个月的繁殖准备时间，这个时间相当急迫。这就意味着它们几乎全年无法获得休养，就得进入下一个繁殖周期。

现在问题的关键是小七根本没有离巢的打算，也无法感知父母的辛苦。

小七照例每天运动、练飞、理羽。每天早晨醒来，小七就开始站在巢中四处张望，到了上午气温开始回升时，它就开始练习扇翅膀，累了之后休息一会儿，梳理一下自己的羽毛。理毛几乎是所有鸟类的习性，类似于人类梳头洗澡，它们的羽毛会生长寄生虫，理毛可以及时加以清理，让身体舒服。中午，小七会闭上眼睛休息一会，这个阶段它几乎不再卧下休息，会选择站着休息。这种休息方式的一个好处就是可以更好地躲避天敌的袭击。到了下午，小七开始重复上午的运动，练习扇翅膀，梳理毛发。此阶段，小七每日排便 3~5 次。小的时候，小七不能站立和走动，粪便都排在巢穴中，很像我们人类的婴儿。但现在，它已可以完全站立行走，把粪便排到巢外。小七每次排便会走到洞穴口而后转身，屁股往上一翘，“嗖”地一声，白色的粪便就排出了巢穴。巢穴外面岩石上的白色粪便都是小七的“杰作”。小七的粪便类似浓浓的尿液，黑白色，散发着浓烈的刺鼻气味。巢外的粪便，也是野外科学考察工作重点观察的对象之一，在野外白色比较显眼，目标明显，发现白色痕迹就可以锁定巢穴。

每次小七练习展翅跳跃的时候，小七的爸妈都在洞口附近盘旋，生怕出现意外。小七有条不紊地进行着飞行练习。可是这段时间，爸妈送来的食物却不断减少。小七每天练飞，能量消耗非常大，几乎每天都要饿肚子。每次爸妈从空中经过的时候，小七都使劲地呼唤，祈求食物，可是爸妈就是置之不理。

此阶段，小七的羽毛都长得差不多了，发育也完全了，它已经具备了离巢的条件。然而，小七长期待在巢中不愿离去。一连几日吃不饱饭，小七只能开始寻找新的出路。在小七离巢之前，它学会了一种新的休息方式——单腿站立休息，休息的时候把一只脚收到翅膀之下，通常它们会交替使用两只脚“独立”。这是一项全新的技能，只有成年高山兀鹫才可以掌握。小七之前全是趴着或者蹲着休息。单腿站立是一种节省能量消耗的好方法：小七收起的那只脚，有温暖的羽毛覆盖，热量散失会更少。

博士说有话

猛禽离巢

许多故事传言，当猛禽的雏鸟到了离巢日不愿离开的时候，父母会往巢中添加带刺的荆棘，迫使其离开。现实中，猛禽的雏鸟离巢前夕，其父母会有意减少食物的投放量，目的有二：一是减少其体内的脂肪，有利于离巢飞行；二是迫使其尽快离巢。高山兀鹫幼鸟的生长期可以持续5~6个月，如果食物短缺，幼鸟可能会在巢中滞留到10月。相比于其他大型猛禽，高山兀鹫的繁殖周期偏长，可能与食物的丰富度有关。

2

离巢独立

在老鹫夫妇的精心照料下，小七努力地成长。这个月是它生命中最为关键的时期，如果9月还不能离巢，小七就很难度过这个严寒的冬季。它必须在冬季来临之前尽早离开，学习飞行和觅食的技巧。冬季食物短缺、万物萧条，对于小七来说越早离开巢穴，越早独立，其生存的希望就会越大。

时间到了9月，夏季的帷幕慢慢落下，可是小七依旧没有离开巢穴。按照常规，它在8月就应该离巢了。之所以推迟那么久，全赖于小七成长过程中获取的食物不足，导致发育滞后。这也是没办法的事情，牧民为了防止旱獭和黄鼠破坏草原，他们投放了大量毒饵，虽然老鼠和旱獭得到了控制，可是其他动物跟着遭了殃。要知道生态系统是环环相扣的，这些对人类而言的“害兽”，恰是其他几十种猛禽、猛兽赖以生存的“美食”。前几日，老鹫的邻居就曾误食了中毒的旱獭肉而一命呜呼。

在老鹫夫妇的精心照料下，小七努力地成长。这个月是它生命中最为关键的时期，如果9月还不能离巢，小七就很难度过这个严寒的冬季。它必须在冬季来临之前尽早离开，学习飞行和觅食的技巧。冬季食物短缺、万物萧条，对于小七来说越早离开巢穴，越早独立，其生存的希望就会越大。

学习飞行是一个循序渐进的过程，需要慢慢地练习。这需要先从最基本的扇翅膀开始，慢慢锻炼自己翅膀上的肌肉。小七在巢中一遍一遍练习扇翅膀，开始的时候非常费力，两只翅膀犹如沉重的锅盖，只能张开翅膀扇动三五下，就已经累得不行了。任何练习从来都不是一蹴而就的事情，需要慢慢坚持。皇天不负有心“鸟”，一周之后，小七扇翅的动作有了明显进步，它把翅膀张得更开，幅度越来越大，扇动的频率也越来越快，持续时间越来越长。

扇翅膀的动作熟练之后，小七开始增加动作难度了，试着展翅跳跃。展翅跳跃是飞行前最为关键的一个动作，对于鸟类第一次飞行至关重要。小七在巢中加以练习，先是把翅膀张开，试着往前跳跃，可是它腿部力量依旧不足，跳不起来，只能挥舞着翅膀，在洞中来回走动。又过了一周，小七可以展开翅膀在洞穴中小步跳跃了。练飞期间，小七也面临着很多危险，挥翅跳跃，一旦用力过猛，很容易跳出洞外，洞外面就是悬崖，后果不堪设想。

看到此等情景，老鹫夫妇知道小七离巢的时刻就要到了。鹫妈像往常一样落在洞口，鼓励小七可以起飞了。随着气温不断升高，中午山中的气流是一天中对流最强的时候。小七站在洞口就可以感受到，热气流把自己不断往上托。鹫妈来到洞口，给小七示范起飞的要领。只见鹫妈展开翅膀，走到洞口边缘，脖子前伸，一蹬腿，飞出了洞穴。

小七学着妈妈的动作，往前伸了伸脖子，展翅，双脚后蹬，飞了！飞了！终于飞了！飞到了对面的山坡上，飞到了妈妈身边。

离巢后，小七首先要学习的就是飞行。虽然它靠着振动翅膀已经可以飞出巢穴，但是距离正常的飞翔还相差很远。它首先要学会如何捕捉空气中上升的气流，借助上升的气流可以不用费力，在空中长时间地翱翔。对于高山兀鹫而言，学会翱翔才算是真正的飞行。为了能寻找到自然界中难以找到的动物尸体，高山兀鹫必须具

◯飞行 -西锐　拍摄

有毅力和耐心，它们采用了一种很节省能量的飞行方式——翱翔。一只成年高山兀鹫一天可以在 6 000 米以上的高空翱翔 9~10 个小时。

小七体型大，翅膀宽阔，天生具备飞行的潜力。小七不仅可借助发达的胸肌和宽阔的翼展长时间翱翔于高空，还可借助尾羽活动、初级飞羽的微微转动保持在一定高度快速飞行。在空中长时间飞行，节省体力才是硬道理。因此，小七首先要学会利用外力来辅助自己翱翔。

当早晨阳光升起，山石表面被晒热后，周围的空气受热上升。上升的热气流与空中的冷气流循环对流。上升气流开始从地面升起，呈一个圆柱状，渐渐发展为蘑菇状，人类无法察觉自然界的这种细微变化，而小七却可以。它学着鹫妈的样子，展开翅膀，飞向蓝天。开始时，小七有些胆怯，它靠着挥舞翅膀带来的浮力，将自己身体托起。后来，它感觉下面的气流不断上升，即便是不扇动翅膀也可以长时间盘旋于高空。可是空中的气流是不均匀的，有的地方强，有的地方弱。要想长时间地利用气流翱翔，就必须学会灵活地调整身体。小七不断学习妈妈的样子，利用自己宽大的尾巴来调整方向，借助翅膀的收缩调整滑行的速度。

对于高山兀鹫家族而言，它们不需要通过猎杀来获得猎物，所以不必掌握高速俯冲的技巧，而只要能够高效利用气流长时间翱翔空中，灵活调整方向就足够了。

经过一段时间的练习，小七基本掌握了空中飞行的技巧。

博士有话说

漫长的繁殖期

到了 10 月，高山兀鹫的巢区竟然还有 20% 的雏鸟没有离巢。这么算来，从 1~2 月高山兀鹫就开始孵化，到 8~10 月陆续离巢，高山兀鹫的整个繁殖期长达半年之久，这在猛禽中是绝无仅有的。互相错开生育的时间，好处就是减少对于食物资源的争夺。如果大家都在同一个时间段生育，自然界食物的供应量难以满足。为了生存，高山兀鹫不得已错开生育时间。可是，这样做也给高山兀鹫成鸟带来很大的压力和负担。在食物短缺的年份，雏鸟可能拖延到 10 月才能够飞离巢穴，亲鸟几乎没有时间休息，就又要进入下一轮繁殖期。

○ 繁殖期 -宋晔　拍摄

3

渡鸦装死

就当小七叼起一块肉将要下咽之时，身旁的渡鸦齐刷刷地倒下了，在地面扑通挣扎几下，就不动了。即便是小七用脚轻碰它们也没有反应。

10月是天山最美的时节，各式各样的乔木、灌木和雪岭云杉交杂在一起，组成一幅五彩斑斓的山水画。这里的小动物们正在为冬季做准备，旱獭陆续开始冬眠，北山羊也忙着长秋膘，迁徙的鸟儿集结待发。小七离巢后，开始慢慢学会独立，学会翱翔后，要学会寻找食物。

清晨醒来，小七便和同伴一起出去寻找食物，“鸟”跟人一样，也以食为天，吃饭是一天中的头等大事。对于小七来说，能否生存下去，学会合作是第一步。小七首先要学会和自己家族的同胞合作：找到食物后，切忌不能一“鸟”独享，要和大家分享。

悬崖下是小七经常光顾的地方，这里常常会有一些动物的尸体。河谷也是小七重点搜索的区域，这里是食肉动物捕杀食草动物的重要场所。食肉动物往往有多杀的习性，它们吃剩下的食物都是高山兀鹫们的口粮。

小七和同伴们一直在空中翱翔，为了提高搜索的效率，它们会分头行动。一旦有成员发现动物尸体就会立即报告，大家有福同享。经过离巢后的练习，小七已经具备高山兀鹫家族基本的飞行技巧。它体型较大，翅膀大而宽阔，可以长时间、远距离地翱翔。除了高超的飞行能力，小七的视力也非常好，在视网膜的斑带区中央凹内有上百万个视觉细胞，大大高于人类，在距离地面1600米的高空，它可以发现地上腐烂的动物尸体。此外，小七的嗅觉也是非常厉害，这在鸟类中比较少见。一般来说鸟类视觉敏锐，嗅觉退化，而小七这些食腐类的鸟类却拥有出色的嗅觉，以便于快速发现腐烂的尸体。

虽然如此，由于地面环境非常复杂，为了更顺利地发现尸体，并且确保安全，小七尤其善于利用高原上最

○ 渡鸦

○ 灰旱獭

大的乌鸦——渡鸦。渡鸦在觅食方面相当灵敏且会投机，主要以腐肉、昆虫、食物残渣、谷物及小型动物为食，也取食植物的果实甚至人类的剩食。渡鸦刚刚落地，小七就赶了过来。

果然，草地上出现了一具动物的尸体。小七随后闻到了那股熟悉的味道——腐肉香。对于人类来说腐烂的动物散发着的是种种恶臭，而对高山兀鹫而言，腐烂的尸体就是难得的美味佳肴。这是一具旱獭的尸体，从体型和毛色来看属于成年个体。不知这只旱獭为何死去，此时尸体已经腐烂。

一群渡鸦把旱獭尸体团团围住，等待就餐。从现场来看，渡鸦也不是第一个发现者，渡鸦在的时候旱獭尸体已经被分解开。小七决定下去分一杯羹，今天它还没有吃到任何东西。

小七调整尾羽，盘旋到低空，慢慢滑翔，它不会像金雕那样俯冲，而是缓缓降落在尸体旁边。旁边的渡鸦看到一个庞然大物从天而降，它们知道这只高山兀鹫是来抢食物的，可是并没有避让的意思。如果是旱獭的尸体没有被分解，渡鸦们巴不得高山兀鹫这样的大型猛禽过来。因为渡鸦的能力不足以把尸体分开，它们必须借一些猛禽和猛兽的力量把尸体分解，这样它们才能分一杯羹；否则，就是眼睁睁看着食物而无法享用。这次情况迥然不同，小七到来的时候，旱獭的尸体已经被分解，渡鸦们正吃得不亦乐乎，完全不需要外来者加入，因此它们格外排挤小七。

小七根本没有把眼前的几只渡鸦放在眼里，它迈开大步，立即把渡鸦挤开，反客为主，正准备张开喙享用食物。突然，边上的渡鸦群一阵骚闹，小七的腿也钻心疼起来。小七回头一看，几只渡鸦在啄自己的腿，意思是让自己走开。渡鸦非常狡猾，小七一回头，它们就躲到一边去。当再次准备进餐时，渡鸦又跑了过来，就像一块狗皮膏药一样，死死地贴在小七身上。

这是渡鸦的策略，它们就是想利用这种骚扰的方式来赶走小七。渡鸦的生活充满了变数。在野外，渡鸦基本上要靠抢夺大型食肉动物的嘴下食物残渣维持生计。这时候无论是兀鹫、秃鹫、狼、熊，还是狐狸，都很容易被渡鸦激怒，只要被它们随便咬上一口，渡鸦就完蛋了。因此，渡鸦需要学会判断，自己在何种情况下能采取什么行动。在这种危险的情形下，任何事情都是不可预测的，一旦鲁莽行事很可能就会一命呜呼。所以，渡鸦学会了审时度势。它们知道高山兀鹫不具备攻击性，面对小七它们开始实施自己的骚扰策略，从小七身后悄悄接近它，惹它而又不惹怒它。

小七被渡鸦的骚扰搞得苦不堪言，而又无可奈何。小七不管那么多了，它决定霸王硬上弓。在饥饿面前，它什么都不顾了，伸出自己硕大的喙，朝着旁边的渡鸦发出威胁，翻译成人类的话类似：“你们再这样，我就不客气了。”旁边的渡鸦见势不妙，不能硬碰硬，一旦被小七巨大的喙碰到，非死即伤，只能立即收敛起来。

小七终于可以静下来享用眼前的美味了。此刻的旱獭，已经被开膛破肚，内脏被渡鸦啄食得差不多了。小七选中一块肉，开吃。就当小七叼起一块肉将要下咽之时，身旁的渡鸦齐刷刷地倒下了，在地面扑通挣扎几下，就不动了。小七感觉情况不妙，立即放下嘴里的肉。地面上的渡鸦一动不动，即便是小七用脚轻碰它们，也没有反应。

小七敏锐地发现，可能是刚才的食物有问题，渡鸦被毒死了。之前，自己的一个同伴就是被中毒的旱獭毒死的。无奈，到嘴的肉，无福消受，小七只能悻悻离去。

小七刚走，原先地上躺着的渡鸦突然齐刷刷地站了起来。原来渡鸦刚才是装死，制造食物中毒的假象。可怜的小七，刚出来闯荡就遭到了渡鸦的欺骗。

博士说_有话

渡鸦

渡鸦是鸦科鸟类中体形较大的一种，也是鸣禽中最大的鸟。成熟的渡鸦体长 56~69 厘米，重 0.69~1.63 千克。渡鸦全身黑色，具有紫蓝色金属光泽，尤其以两翅最显著，背部有光亮，不会认鸟的人很容易把它当成鹰。其喙粗大，最长者可达 8.5 厘米，易与其他乌鸦区分。渡鸦善于高飞，多见于高山草原、高山森林环境，常活动在开阔的地方或村庄附近，在有人居住的地方觅食，并随人畜迁移。渡鸦生性凶悍，能袭击一些家禽和家畜，如遇到病倒的牲畜时，会成群地发动攻击将其啄死。它还能攻击野兔，猎食鼠类和一些小鸟，更喜啄食腐肉和动物内脏。笔者在野外考察的时候经常见到渡鸦。

渡鸦行为复杂，表现出较强的智力和社会交往能力。最能体现渡鸦智慧的是它们的拆婚行为。渡鸦有时会试图骚扰其他渡鸦间的“约会”，从而把一桩可能的“婚姻”扼杀了。

拆婚的渡鸦，对自己有什么好处呢？

这还要从渡鸦的生活史说起。渡鸦是一夫一妻制，一旦确立夫妻关系可以维持很久。合雌雄二鸦之力，渡鸦往往可以战胜独栖的同类获取食物或占领领地。因此，在渡鸦中就形成了一个强烈依托于夫妻关系的社会结构:位于最顶端的成功“鸟”士是已经建立了繁育后代关系的“夫妻鸟”;居于其下的是那些已经很亲密,但是还未拥有个人领地的“情侣鸟”;随后是正在试图建立情侣关系的“相亲鸟”;而位于社会底层的贫苦渡鸦,则为“单身鸟”。至此,渡鸦搅黄同类幸福的意图便昭然若揭:破坏其他渡鸦间的结合,也就变相地保证了自身的地位,维持了食物和领地的稳定。

V

全力狩猎

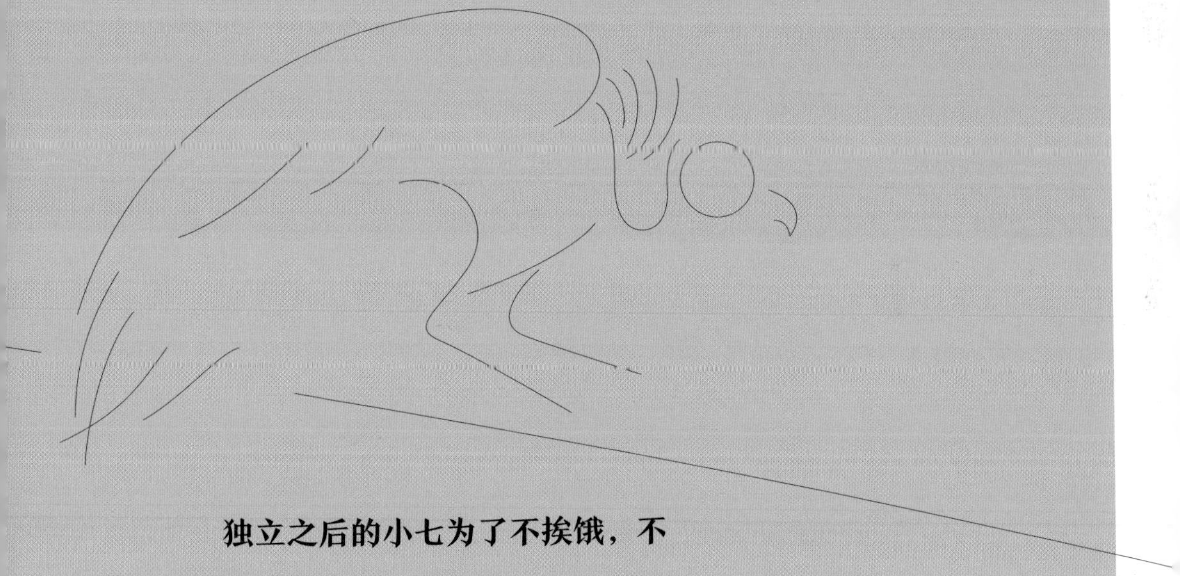

独立之后的小七为了不挨饿，不断地提升自己的狩猎技能。它不光吃野猪剩下的猎物，跟踪雪豹来获得猎物踪迹，甚至与狼共食，它也会向其他食腐小伙伴学习。

1

野猪凶狠

饥饿是动物界的魔鬼，它可以让同胞相残，骨肉相食。如今天寒地冻，野猪寻找食物格外困难，能见到吃的，它自然不会放过。

10月下旬，天山已经进入冬季，大雪封山，河流冰封，惟余莽莽。小七在艰难地寻找食物，它飞过一个又一个山头。地面的猎物被积雪覆盖，增加了寻找食物的难度。还好，小七拥有一群伙伴，它们资源共享，只要是一方发现食物，都可以享用。

在一个河谷，小七远远听到一群渡鸦在“呱呱叫”，它赶紧凑过去，果然有情况。原来一头死去的野猪躺在河谷，身边围了一群渡鸦。这渡鸦虽也以腐肉为食，可是它们面对一头没有被分解的猪，只能望猪兴叹。小七发现之后，立即在空中盘旋几圈，以独特的方式把食物信息传递出去，引导更多的同伙前来。

小七传递食物信号之后，开始落到野猪旁边，它四处寻找下嘴的机会。眼前这头野猪是头成年的公猪，嘴边露出长长的獠牙，黑色的皮肤上长着粗犷的毛发。小七四处打量，发现这头野猪没有外伤。显然野猪不是死于天敌捕杀。天山上能捕猎野猪的也只有狼和雪豹。这只野猪很有可能得了某种疾病，幸好被小七及时发现，这样可以阻断疾病的传播。最近，非洲猪瘟非常猖狂，一旦由家猪感染了野猪，再由野猪感染其他物种，这对生态系统的影响不可估量。

约半个小时后，小七的伙伴们陆续赶来，围在野猪身边。可这只野猪刚死不久，皮糙肉厚，根本无处下口。小七试着从野猪的肛门处挖开，去掏里面的内脏。经过一番努力，它顺利把头伸进肛门，成功将一根猪大肠拽了出来。旁边的高山兀鹫上前帮忙，一同撕扯这根猪大肠，不一会儿就被瓜分完毕。于是小七故伎重演，再次把头伸进猪肚子里，取食其内脏，可是这样进食效率太

○ 野猪

低了。最好把肚子划开，这样大家可以围在一起进餐，可是小七它们的喙不够锋利，无法完成。

小七和它的小伙伴们正在寻求新的突破口，突然远处传来一阵“哼哼”的声音。从河谷东边的树林里走来一头野猪，这头新来的野猪，体型比倒下的那只略小，也是一头公猪，同样是獠牙外露。它一路小跑，来到死去的野猪身边，凭借庞大的身躯，一下子把小七和它的小伙伴挤开。小七争不过野猪，只能让开路。这头新来的野猪立即强占了中间位置。没人知道它和死去的野猪是什么关系，可能是看到同类遇难，它产生了同情心理。科学家在大象和灵长类动物身上发现，当同伴死去之后，它们会像人类一样感到伤心。这头野猪是否也具备这种心理，就不得而知了。

这头野猪把嘴放到死去野猪的腹部，沉默了几秒之后，出现了令人震惊的一幕。它开始用锋利的牙齿撕咬死去的野猪，尽情享受眼前的美食，随后一股腥臭味开始向周围扩散。新来的野猪开始一点点撕咬吞咽同伴的尸体，它是如此投入，全然不顾那是死去的同胞。看来它已经饥饿很久。饥饿是动物界的魔鬼，它可以让同胞相残，骨肉相食。野猪是杂食性动物，平日里喜食植物根系以及土壤中的一些动物，这也是它们平日里翻土的原因。野猪同样偏爱高能量的肉食，如动物尸体。如今天寒地冻，野猪寻找食物格外困难，能见到吃的，它自然不会放过。

新来的野猪把死去的同伴开膛破肚，这对于小七和它的同伴来说，简直就是及时雨。随着死去的野猪被划开尸体，小七和同伴也加入了用餐的行列，它们围在一起进食里面的内脏。内脏含有高能量，是小七的最爱。眼前的野猪只顾自己进餐，全然不顾身旁的小七和它的小伙伴们。可是没过多久，这新来的野猪猛然回过神来，带着满脸血色和恶臭开始驱赶身边的小七。小七赶紧躲开。野猪进餐的时候，小七又回来，敌进我退。三番五次之后，野猪放弃驱赶，各吃各的，互不干涉。

约半小时后，野猪吃饱了。越来越多的高山兀鹫从四面八方陆续赶来，它们也想在寒冷的冬季分一杯羹。小七吃饱了，退到后面，把最好的进餐位置让给新来的同伴。眼前的野猪觉得有些不对劲，它一头扎进去，冲开高山兀鹫群，而后用嘴狠狠咬住尸体后背，把尸体拖走。野猪一路拖，后面的高山兀鹫就一路追赶，它只好停下来进行驱赶，而后继续拖。经过几番努力，新来的野猪把尸体拖到一片小树林中，随后用嘴巴拱开周围的土壤和树枝，遮盖住尸体。很显然，它要把剩下的食物储藏起来，以备不时之需。

小七眼睁睁地看着野猪把食物拖走，好在自己已经吃饱了，可惜后来的同伴没能赶上。没过多久，小七就等来一个好消息，这只吃同伴尸体的野猪也死了。看来，它的同伴是得了猪瘟。不过，这对于高山兀鹫们来说是一个好消息。

博士有话说

野猪

野猪是群居动物，社会关系复杂。它们拥有各种类型的群体：孤独体，多为雄猪，单独活动、到处游荡，只有在发情期才回到群体寻找配偶进行交配；母子群，由一头成年雌猪和它当年出生的或者头年出生的孩子组成；亚成体群，一般为3~4头，多为亚成体，有时也有幼猪加入；一雄一雌和一雄多雌群，这种情况多在发情交配季节；混合群，由一雌一雄野猪和亚成体以及幼体组成。野猪群内分为不同的社会等级，人为地把不同群的野猪混群饲养，2~10天就可以通过相互间的争胜行为建立新的社会等级。在群体中生活的野猪可以密切关注其他猪，并相互学习，相互合作，会产生同情心。野猪的家域非常大，远远超过人类居住的房子和步行活动的范围。

○ 野猪群 -赵序茅　拍摄

2

跟猛兽走

作为一只高山兀鹫，小七要学会利用各种可以利用的资源。但凭一只鸟的力量，是无法在这严酷的雪域高原生存的。

不久之后，小七发现在上次野猪尸体的附近又多了几具尸体，看来上次的野猪得了猪瘟，传染给了同伴。这一下，小七有充足的食物了。但是小七家族庞大，几头野猪 2~3 天时间就被瓜分完毕了。于是小七又重新踏上寻找食物的征途。前两次寻找食物都过于顺利，给小七造成一种食物充足的错觉。接下来的几天里，它一无所获，只得到处蹭吃蹭喝，勉强度日。

如何才能快速、高效地发现食物，是小七面临的一大生存挑战。不过小七非常善于学习，它发现一些成年的高山兀鹫不仅眼观六路，嗅闻八方，还时刻盯着其他动物的一举一动，诸如地面的雪豹、狼、狐狸。这些猛兽捕猎后，总会有一部分食物吃不完，那么就便宜高山兀鹫这些食腐鸟类了。此外，小七发现鸟类中的山鸦、渡鸦、秃鹫、胡兀鹫，这些以腐肉为食的鸟儿也是寻找食物的好帮手。小七发现只要一群乌鸦、秃鹫、胡兀鹫降落地面，必定会有食物。作为一只高山兀鹫，小七要学会利用各种可以利用的资源。单凭一只鸟的力量，是无法在这严酷的雪域高原生存的。

小七再次出发，去搜索新的目标。这一次，它不只是盯着地面上的尸体，而是扩大了搜索范围，地面的猛兽，空中的鸟类，都在它的监视范围内。不一会儿，小七发现山脊处有一只雪豹在那里鬼鬼祟祟的。对于雪豹，小七早已不陌生了。小七还没有离巢的时候，雪豹就曾光顾它的家园。

小七停止了前进，它开始在雪豹上空盘旋，密切关注雪豹的一举一动。只见那只雪豹躲在岩缝中，身上黑白相间的豹纹和周围的环境融为一体，如果不是小七鹫眼敏锐，根本无从察觉。

可是这只雪豹躲在岩缝中干什么啊？

小七发现雪豹所在山脊的下方有个草坡，草坡上 5 只北山羊正在吃草。小七清楚地看到，躲在一旁的雪豹开始缓缓移动，它每迈出一步都格外小心，生怕弄出声音。雪豹借着岩石的掩护悄悄地接近那群吃草的北山羊。虽然有一只在高处站岗放哨，可是雪豹从山脊过来，它丝毫没有察觉。

一场好戏即将上演。

眼看雪豹翻过山脊，北山羊群依旧没有觉察。雪豹开始准备发动袭击了，它晃动了一下前蹄，如同一支离弦的箭，冲向北山羊。面对雪豹的突然袭击，北山羊见势不妙，立即往陡坡上爬。小七在空中看得真真切切，北山羊的攀岩能力可真不是含糊的，它们在陡峭的山坡上，行走如飞，如履平地，试图依靠超强的攀岩能力摆脱雪豹的追击。可雪豹也绝非等闲之辈，短距离冲刺是它的强项。只见雪豹快速飞奔、跳跃，紧盯着跑在最后的一只北山羊。还有5~6米的时候，雪豹突然一个加速，高高跃起，抓住那只北山羊的后背，就势摁倒，而后咬断北山羊的脖子。好一个恐怖的杀手！

雪豹得手后，先把北山羊的喉咙处的血一饮而尽，然后把其最薄弱的肚子撕开。不一会儿大半个北山羊就被雪豹吃光了，吃饱喝足的雪豹就躲到一边晒太阳去了。

小七见机会来了，立即在空中召集小伙伴们。附近的高山兀鹫接到小七发出的信号，从四面八方赶来。小七把头伸进北山羊的腹腔，快速取食北山羊的内脏，内脏是高山兀鹫家族最爱的食物，不仅好消化，还含有高能量。陆续到来的小伙伴们，依据自己到来的顺序，选择位置进餐。而最后到的那几只，就没有空位了，只得排在后面等待。

○ 小七的大餐 -赵序茅　拍摄

○ 与同伴共食 -赵序茅　拍摄

博士说有话

食腐猛禽存在种内（同一物种内）竞争和种间竞争（不同种内），种内竞争与性别、年龄、个体大小、姿态有关。一般而言，成年或者雄性个体最先进食，享有对食物的支配权，其次是雌性个体或者老年个体，最后是年轻的幼体。此外，进食顺序还与食物资源、发现食物的时间、集群数量、个体差异、个体攻击能力有关。不仅高山兀鹫内部拥有严格的等级制度，不同的种类之间也存在进食顺序上的差异。比如在非洲草原，强壮的肉垂秃鹫先进食，随后是黑白兀鹫或非洲秃鹫，再次是白兀鹫或者胡兀鹫，最后是一些小型的猛禽如红鸢和黑耳鸢。

3

狼杀牦牛

狼立即发起了对牦牛的进攻。狼的长跑能力很强，尤其适合在开阔的地方长途奔袭。可是眼前的老牦牛并没有放弃求生的希望，它在往牧民的冬窝子处跑。

○狼

通过跟踪雪豹捕猎，捡食猛兽的食物残骸，小七成功地填饱了肚子。它多了一个寻找食物的方法，自然也多了一份生存的希望。小七饱餐一顿后，接下来的2~3天可以不用进食。不过，小七不会等到饿得饥肠辘辘才去觅食，一旦感受到饥饿，体力就会受到严重影响，而野外寻找食物具有很大的偶然性，饱一顿、饥一顿是常有的事情。

接下来的几天，小七就没有那么幸运了。早晨太阳升起的时候，小七就出发了，它翱翔于蓝天之上，有时寻找动物尸体，有时跟踪老弱病残的个体。小七不需要像金雕、猎隼那样捕猎活着的个体，只要发现“目标”就意味着成功。虽然如此，自然界中尸体的密度要远远低于活体，并且小七只有等猎物死去，或者被其他猛兽捕获，才可能获得食物。

通过前几次成功觅食，小七深深体会到合作的重要性。每次出来寻找猎物，小七都坚持“单独活动、资源共享”的原则，这样就可以尽最大可能地扩大搜索范围，进而提高捕食成功率。即便如此，在空中搜索依旧是一件艰苦的工作，小七从早上一直飞到傍晚，一连在空中飞行8个小时，竟然什么也没有发现。没办法，它只能找个地方休息，等到第二天再去觅食。小七已经饥饿难耐，可是没有办法，找不到食物只能忍饥挨饿。

小七在空中进行侦察，除了死去的尸体外，那些老弱病残的个体也是小七重点搜索的对象。小七明白，自然界中尸体争夺非常激烈。除了它们高山兀鹫家族外，地面的狐狸、野猪，秃鹫、乌鸦等也对尸体虎视眈眈。为了抢占发现食物的先机，小七常常会盯住老弱病残的个体。

第二天一早，小七又踏上觅食之路，它的身体已经开始虚弱了，如果再找不到食物，长时间飞行都有困难。小七在高空中看到下面一片洼地，四周都是积雪，在洼地附近，有一头年迈的家牦牛，老态龙钟。即便如此，小七也不会主动发动袭击。小七在家牦牛的上空不停地盘旋，密切注视着下面的一举一动。

此刻，地面上3只狼正在觅食，它们发现了低空盘旋的高山兀鹫。在长期的生活中，高山兀鹫等食腐鸟类和狼达成了某种默契。每当狼看到高山兀鹫或者秃鹫在空中一个地方盘旋，久久不肯离去的时候，就知道地面上有老弱病残的动物。

3只狼很快发现了这头牦牛，狼群立即发起了对牦牛的进攻。狼的长跑能力很强，尤其适合在开阔的地方长途奔袭。可是眼前的老牦牛并没有放弃求生的希望，它在往牧民的冬窝子处跑。牦牛再往前跑上2千米就可以获救了。可是慌不择路的牦牛一头扎进了一片积雪的沙地，耽误了求生的时间，给了狼绝佳的机会。1只狼上前狠狠地拖住，另2只狼撕咬牦牛的腹部。牦牛就这样一命呜呼。

狼虽然袭击家畜，但大多是家羊，很少袭击家牦牛这种大型动物。除非有小七这样准确的情报，判定其是一只老弱病残的个体，狼才敢下手。

看到狼群得手，空中飞行的小七没有立即冲到下面。此时，家牦牛还没有被开膛破肚，即便下去，它也吃不到肉，它在密切注意地面的情况，等到狼把牦牛的肚子划开，它再下去。

眼前的3只狼是一个普通的狼群，中间的是大公狼，在家里的地位最高；旁边是它的太太；后面的狼，一边摇尾巴，一边舔爸妈的嘴，从行为看，应该是它们的孩子，因为“舔嘴”是小狼崽向父母乞食的动作。狼的社交行为经常和“吃”联系在一起，食物资源的分配反映地位的高低。这次狼群抓到的是大猎物，足够大家吃饱，无论地位高低，所有的狼都可以一起进食。如果猎物小，狼多肉少，狼父母可以优先进食，然后才轮到半大的少年狼。

博士说有话

狼的食物

尽管很多人认为狼是一种凶猛的动物，在自然界几乎没有敌手，但事实上，这种掠食者过着可以说是朝不保夕的生活。对狼群来说，捕猎充满危险，为了尽可能地降低风险，狼群主要以弱小的猎物为目标，但这样的猎物本身却不多。因此，狼会花很多时间到处搜寻容易下手的目标。各种小兽、小鸟、蜥蜴、青蛙都是狼搜寻的目标，甚至大号昆虫，有时连腐肉都不会拒绝。著名的野生动物学家乔治·夏勒，检查过昆仑山新疆地区的许多狼粪便，粪便内含物有80%是旱獭的残骸。虽然长得又胖又笨，但旱獭属于松鼠科，是鼠家属的大号成员，有时也会成为狼的美餐。

○ 喜马拉雅旱獭

4

大胡子雕

虽然胡兀鹫比较凶悍，但是小七还是很愿意和胡兀鹫在一起觅食的，因为胡兀鹫的牙口要比自己好得多。小七的喙不够锋利，遇到猎物无法将其开膛破肚，只能等待尸体在太阳照射下炸开，而后取食。

○飞翔的胡兀鹫

小七刚刚在牦牛旁“就坐”进餐，几只渡鸦便飞了过来。小七将渡鸦挤到一旁，使其只能拾取一些肉屑充饥。小七再次把发现食物的信息，通知周围的小伙伴们。一会儿的工夫，高山兀鹫越来越多，约 20 只高山兀鹫在瓜分一头死去的牦牛。

突然，一只胡兀鹫在上空盘旋。虽然不是同胞，但是在非繁殖季节胡兀鹫也是小七的小伙伴。由于共同的食性，胡兀鹫大多与高山兀鹫结群活动，这样可以扩大搜索范围，更快地找到食物。

不过，小七发现胡兀鹫这个小伙伴要比自己机警得多。每次胡兀鹫发现尸体后并不立即上前，而是先翱翔观察，然后落在 50 米以外的地方窥视，确认没有危险后才来就餐。胡兀鹫性格不大好，虽然也吃腐肉，但是比自己的同胞凶悍多了。小七曾经看到胡兀鹫猎食小鹿、山羊等动物，还有攻击人的情景。和高山兀鹫不同，胡兀鹫具备一定的捕猎能力，一旦发现地面上有病残体弱的旱獭、牛、羊等动物，胡兀鹫会一改常态，翎羽耸起，从高空夹带着呼啸的风声直接扑向目标，就像一枚“空对地”导弹，袭击猎物。对于鼠、兔和小鸟等小型动物，它们往往直接吞食。

虽然胡兀鹫比较凶悍，但是小七还是很愿意和胡兀鹫在一起觅食的，因为胡兀鹫的牙口要比自己好得多。小七的喙不够锋利，遇到猎物无法对其开膛破肚，只能等待尸体在太阳照射下炸开，而后取食。但是有胡兀鹫在的时候，情况就不同了。胡兀鹫高而侧扁的喙反而显得格外强大，先端钩曲成 90 度，像钢钳一样。它依靠喙从很结实的动物尸体上撕下一块一块肉，甚至咬碎大块骨头，来填饱自己的肚子。

一旁的胡兀鹫好像对尸体并不感兴趣，专门挑选裸骨进食。找到骨头后，胡兀鹫要先将骨头用爪子抓住，飞往有岩石的地带，上升到 50~60 米的高度，扔下骨头，让骨头与石头相撞碎裂，然后跟着赶紧飞下来啄食。如果一次没有把骨头扔碎，它就得扔上好几次。

至此，小七的几个小伙伴们差不多都到齐了。面对食物，大家各取所需。狼把牦牛的尸体开膛破肚后，小七和同伴们有了可乘之机。而小七吃剩下的食物残渣，又成了渡鸦的美味。最后赶到的胡兀鹫却对骨头更感兴趣。

如果有人走近，总是渡鸦先叫着逃走，小七和胡兀鹫才随之离去。渡鸦与高山兀鹫、胡兀鹫共同取食尸体，并不出现争食现象，其原因就在于渡鸦充当了这两种猛禽的“侦察员”和“哨兵”。作为回报，渡鸦可从中分得一杯羹而不必担心被两个“凶神”赶走。

博士说有话

胡兀鹫

胡兀鹫，也叫大胡子雕，它的头和颈不像秃鹫、兀鹫那样裸露，而具有锈白色的完整羽毛。眼睛周围有一圈又黑又长的眉状斑纹，好像戴了一副眼镜。它的上体为黑褐色，但羽干是白色的，形成一道道纵纹。胸部有明显的黑带，其下体和尾下的羽毛都是淡黄色，只有老鸟才变为锈色。这是因为在高海拔地区的许多岩石为富含氧化铁的石英石，胡兀鹫常于潮湿的天气中，在氧化铁剥蚀的地方筑巢繁殖，所以下体的羽毛会被其污染。它的体型巨大，体长在1米以上，体重3.5~5.5千克，明显的楔状尾羽甚长，窄而尖长的翅膀展开后可达2.7~3米。胡兀鹫，也称为“髭兀鹰”，更早的时候也被称为“鱼鹰”。它们之所以如此特别，是因为它们作为兀鹫，头部和颈部却有着浓密的羽毛，这让它们有些名不副实。这种兀鹫主要生活在欧洲东南部、非洲北部、印度和西藏的山区中。胡兀鹫通过啃食动物的骨头，尤其是骨髓来获取营养。它们用自己坚硬的喙来咬坏较小的骨头，而对于大骨头，它们会将其从高空摔下将其摔碎。这种兀鹫的消化液的消化能力非常强，呈强酸性，其pH在1左右。这种超强的消化液不仅能消化骨髓，甚至连骨头也会被消化掉。

VI

独当一面

经过一段时间的锻炼，虽然小七已经是一个能独当一面的狩猎高手，但是雪域高原的生态遭到了严重的破坏，觅食变得从未有过的困难，那么小七将何去何从呢？

1

大战秃鹫

大家进食正酣，天空突然降下一只黑色的大鸟。但见此鸟全身乌黑，头顶和脖子光秃秃的，原来是秃鹫。和小七一样，它们也是以腐肉为食。小七对秃鹫并不陌生，那是它们的近亲，仅从食性上看，它们之间存在着一定的竞争关系。

小七和伙伴们围着牦牛在热火朝天地进食。它们旁边的狼吃得一脸血，2只老狼已经吃饱，转身离去，那1只小狼还在张望。胡兀鹫显得格外胆小，行动谨慎，每次撕食5~6秒赶紧把头缩出来四处张望。渡鸦早已经没有了就餐的位置，被排挤在牦牛的外面，不过它们没有就此离去，小七和狼进餐时不时会把碎肉溅到周边，渡鸦赶紧去捡食。

大家进食正酣，天空突然降下一只黑色的大鸟。但见此鸟全身乌黑，头顶和脖子光秃秃的，原来是秃鹫。和小七一样，它们也是以腐肉为食。小七对秃鹫并不陌生，那是它们的近亲，仅从食性上看，它们之间存在着一定的竞争关系。

秃鹫降落在牦牛身边。高山兀鹫、胡兀鹫、渡鸦、狼正围着牦牛的尸体进餐。秃鹫看到还有位置，也降落下来，找个空隙钻进去进食。一群高山兀鹫中仅有一只秃鹫。对于秃鹫的到来，小七一点都不奇怪。作为以腐肉为生的鸟类，小七明白在空中巡视的时候，不仅仅在意地面的食物，而且对于同类的动向也极为关注。比如，一群高山兀鹫往一个方向飞去，或者在地面某处聚集，那意味着它们已经发现了大餐。秃鹫或者胡兀鹫看到此种场景，会跟过去一起享用。反之，如果秃鹫和胡兀鹫发现了食物，小七也一样会跟过去。这种觅食策略的好处在于只要一只鸟发现了食物，大家都可以分享。在食物资源极为短缺的高原、山区，这种生存策略是非常适合以腐肉为食的鸟类的。

小七明白，总体上的合作并不代表没有冲突。眼前这只秃鹫体态硕大，刚一落地就摆出一副霸主的傲慢态

○ 秃鹫

度。它弓着背，背上的羽毛竖起，伸着长长的颈部，白色的秃头，眼睛里露出一双凶煞的目光，双翅展开微垂地面，坚硬粗壮的利爪高高抬起，左右摇晃地扑到尸体旁。

小七依旧把脖子埋在牦牛的肚子中进餐，过一会儿头伸出来透透气，完全不理会秃鹫的突然到来。小七一旦发现食物就要吃个饱，并且还将一部分食物存储在嗉囊。有孩子的高山兀鹫，回巢之后把食物从嗉囊中吐出来，喂给孩子。不过，小七目前还没有孩子，储存的食物留着日后慢慢消化。

在以牦牛为中心的“餐桌”上，“座位”是有限的。牦牛的肚子被狼撕开来，这是进食的有利位置，早就被先到的小七占据，后面到来的高山兀鹫都在排队等候。眼前的这只秃鹫，按照先来后到的原则，只有耐心地等待，等其他“就餐者”吃饱了，腾出位置，它再补进来。

小七并不排斥眼前的秃鹫，可是秃鹫有些不耐烦了，向前迈着步子，大有反客为主的架势。说时迟，那时快，秃鹫瞅准一直进餐的小七，双腿一前一后立住，伸长脖子，张开巨喙，发出“嘶嘶”声。

在秃鹫和高山兀鹫的世界中，威胁是避免冲突的最后努力。秃鹫赤裸裸的威胁让小七非常气愤，小七心想自己也不是吃素的，何况旁边都是自己的同伴。面对秃鹫咄咄逼人的架势，小七从进食的状态侧过身子，伸长脖子，同样发出“嘶嘶”的声音以回击，翻译成人类的语言好比：“你是哪根葱？敢在我的地盘撒野？”

为了不伤和气，秃鹫有一套和平解决问题的办法——“察言观色、量力而行”。秃鹫们平时的面部是暗褐色的，脖子是铅蓝色的，可是到了争夺食物的时候，面部和脖子就会出现鲜艳的红色，这是警告的信号。秃鹫们必须学会察言观色，如果发现同伙脸色不好，体型弱的要尽快走开以免发生不必要的冲突。

可是，小七对于变脸的秃鹫并不“买账”，丝毫没有退让的意思。出乎小七意料的是，那只秃鹫竟然先下手为强，双腿蹬地，翅膀一振，平地上的一只庞然大物，一下子跳到半空。小七也不甘示弱，几乎同时跳到空中迎敌。

率先起跳的秃鹫伸出巨喙，直奔向小七。不巧的是，相比于这只秃鹫，小七体重略轻，在空中跳得更高些。秃鹫的巨喙没能够得上高山兀鹫的有效部位。而小七逮住时间，反戈一击，咬住秃鹫的肩部。紧接着，秃鹫伸出巨爪，蹬向空中的小七。而小七见招拆招，腿部一缩，爪子一伸，和秃鹫的爪子在空中缠在一起。而后两者齐刷刷地落到地面。见到此景，旁边的2只高山兀鹫停止进食，来给小七助威。可是小七并没有让它们参战的意思，明确告诉同伴们："我要和这只秃鹫单挑。"

空中的第一回合较量，小七略占优势，心想教训一下傲慢的秃鹫就可以了。没曾想，刚落到地面，秃鹫凭借自己扎实的吨位，步步紧逼，硬生生地把小七挤开。在地面上，小七在力量方面处于弱势，没能守住自己原来的位置，进食的地盘被秃鹫占据了。眼看目的达到，秃鹫伸出脖子一头扎进牦牛的肚子里。

位置一旦让出，再夺回来，必然又是一次恶斗。小七刚才已经进餐，没必要再动干戈，径自晒太阳去了。

博士说有话

秃鹫

秃鹫别名座山雕、狗头鹫，体羽主要呈黑褐色。头被以乌褐色绒羽，颈裸出，呈铅蓝色，飞羽黑褐色，尾羽暗褐色。喙呈黑褐色。脚灰色，爪黑色。栖息于高山裸岩上，多单独活动，在附近平原、丘陵地带翱翔觅食，发现目标后俯冲抓捕。主要以鸟兽的尸体和腐烂动物为食。筑巢于高大乔木上，以树枝为材，内铺小枝和兽毛等。每窝产卵1～2枚，灰白色，一般具有深红色条纹和斑点。雌雄均参与孵卵，孵卵期约55天。大多为新疆、青海、甘肃、宁夏、内蒙古、四川的留鸟，偶见于华北、西南及华南一带。属于国家二级保护动物。野外秃鹫和高山兀鹫在生存空间上有所区别，尽量不在同一块区域出现，比如秃鹫和高山兀鹫的海拔分布高度不会完全重叠。不仅空间上错开，秃鹫在活动时间上也和高山兀鹫保持差异，如出现时间、觅食时间不同。在觅食选择上，秃鹫喜欢动物的肉，高山兀鹫更倾向于动物的内脏。行为上，秃鹫喜欢独来独往，高山兀鹫却喜欢扎堆群居。

○ 座山雕

2

离家迁徙

为了生存，小七必须离开，迁徙到其他地方。可是，小七并不知道未来如何，但是待在此处明显无法满足自己生存的需求。于是，小七和家族的几个小伙伴们一同踏上了迁徙之路。

11月的天山已经进入冬季，一切重归于寂静，鸟儿们大部分已经迁徙，旱獭冬眠了，蝗虫蛰伏了，北山羊也从高海拔往下移动。小七的父母开始忙碌着为下一年的繁殖做准备。小七还没有自己的领地，现在只能四处游荡。

对于其他动物来说，冬季是一个苦厄的日子，天寒地冻，食物短缺，随时面临生命威胁。比如食草动物，每年都有相当一部分个体看不到来年的春天。一场暴风雪就可能让一个羊群“全军覆没”。食草动物食不果腹，食肉动物也是苦日难熬。寒冷的冬季需要消耗额外的能量。不过，对于小七家族来说，冬季却是一个食物充裕的季节，其他动物死亡率越高，小七家族的日子就越好过。这也是高山兀鹫为何选择冬季繁殖的原因。

不过，今年似乎是个例外。随着草原上“投毒灭鼠”行为的加剧，许多啮齿类动物遭到灭顶之灾。生态系统是环环相扣的，啮齿动物是几十种猛禽和猛兽的食物。啮齿类动物的减少严重影响猛禽和猛兽的种群数量。此外，一旦猛禽和猛兽食用毒死的啮齿动物，毒素会在体内聚集，严重影响其繁衍和生存。以小七为代表的高山兀鹫家族就遭到过严重的伤害，一些繁殖的兀鹫生出无法孵化的蛋。反过来，一旦高山兀鹫的种群遭受打击，草原上动物的尸体无法得到分解，疾病就会继续蔓延，到头来整个生态系统都会遭受灭顶之灾。

小七已经感到一种恐怖的气氛在蔓延。从去年开始，北山羊种群大批死亡，很多旱獭被毒死，野猪感染猪瘟大量死亡。如今想要在草原寻找食物异常困难。小七一连几日都食不果腹，它必须想个办法解决眼前的困局。

◎ 天山风光 - 王尧天　拍摄

为了寻找食物，小七扩大了搜索的范围，原本食物充足的雪域高原已是一片狼藉。即便小七每天飞出上百千米，依旧食物难觅。看来，整个家园都遭到了严重的破坏。

为了生存，小七必须离开，迁徙到其他地方。可是，小七并不知道未来如何，但是待在此处明显无法满足自己生存的需求。于是，小七和几个小伙伴们一同踏上了迁徙之路。它们追寻着食物一路南下。得益于小七家族高超的飞翔能力，一天就可以飞行几百千米。

在南下的途中，小七发现河流里竟然飘浮着家猪的尸体。这些家猪是感染猪瘟后被养殖场抛弃，扔到河里的。没想到草原上的猪瘟这么快就蔓延开来。而失去高山兀鹫的清理，局势就会更加严峻。小七追逐河流里的死猪，沿河而下，路上不愁没有吃的。在接下来的一周内，这些河流里飘浮的家猪尸体就是它们丰盛的口粮。小七发现越到下游，河中的尸体就越多。一路上越来越多的高山兀鹫加入小七的行列。

小七一伙追随家猪尸体一直来到长江下游。这里人口过于密集，小七从来没有见过这么多人，地面上黑压压的都是人。它们感觉这里不适合生存，于是顺着河流又回去了。不过它们并没有返回故乡，后来的几个月里，小七都在云贵高原、青藏高原一带徘徊，有几次还飞到了尼泊尔、印度境内。

又是一年的春季，又是一年的鸟类迁徙期，小七和小伙伴们没有返回故乡，它们已经没有故乡了。

博士说有话

高山兀鹫迁徙

过去学术界一直以为高山兀鹫是留鸟，不会迁徙，有固定的夜栖地。2014年，德国马普鸟类研究所和不丹的研究机构对23对高山兀鹫进行卫星跟踪，发现高山兀鹫平均每天移动85千米，每年移动3万千米，在不丹、印度、尼泊尔、中国、蒙古等处漂泊。卫星跟踪的结果表明高山兀鹫从秋季的10月开始迁徙，一直持续到12月，在青藏高原、云贵高原、印度恒河平原、不丹和尼泊尔境内的喜马拉雅山南麓越冬，它们在越冬地停留约6个月。

○ 青藏高原风光

○ 喜马拉雅南麓

后记

2011年，笔者在读硕士研究生时加入中国科学院新疆生态研究所马鸣老师的研究课题组，开始研究金雕、白头硬尾鸭。2013年，马鸣老师申请的国家自然科学基金“高山兀鹫的繁殖生态”获得资助，我随即参加高山兀鹫的研究工作。

2013年3月，在向导陈西廷的带领下，我和马鸣老师驱车来到在新疆和硕境内一个叫乌什塔拉的地方，从这里出发前往巴克熊沟，寻找高山兀鹫的繁殖地。巴克熊沟为蒙古语，译为“熊出没的地方”，距离乌什塔拉上百千米。当时冰雪还没有融化，我们的汽车在冰面上穿行，几度身陷囹圄。2个小时后，汽车开到了巴克熊沟的尽头，那里有一座白色的山，山上有上百个高山兀鹫的巢穴，几十对成鸟在此繁殖。

4月13日，我、马鸣老师、陈西廷、邢睿（西锐）、罗彪、柱子再次驱车赶来。按计划车可以开到山顶上，不料汽车抛锚。没有办法，只能背上设备，徒步上山。这一次是为了到高山兀鹫的巢穴采集数据。罗彪是攀岩高手，是国内第一批专业的攀岩教练。在罗彪和西锐的帮助下，我们利用攀岩绳索，从海拔3800米的山顶开始下降到高山兀鹫的巢穴中，采集到第一手数据资料。当晚夜宿巴克熊沟，夜里仰望星空，清楚地听到狼群的嚎叫声。

第二天一早，我和马鸣老师不顾疲惫，继续考察，发现另一处巢穴。为了查看巢穴中的情况，我必须上山入巢。由于事发突然，没有携带任何攀岩的工具，命运完全掌握在自己的手中。岩石的棱角是我借力的地方，但岩壁光滑，每次能找到一两处这样的棱角实

○ 赵序茅与小七合影

属难得，更不要指望四肢都能着力。在几处地方，必须先用一只手扣住上面岩石的棱角，单臂挂起承受身体的重量，而后用下面的一只脚慢慢摸索可以借力的地方。爬上巢穴，一种前所未有的成就感油然而生，顿时也明白眼睛里看到的东西是不真实的。山下望远镜里看到的小小黑洞，竟然是巨大的山洞。如果不是亲眼看到高山兀鹫从洞中飞出来，真不敢相信这里是它的巢穴。山洞外径 2 米有余，内径也有 80 厘米，深度约 1.5 米，如果说是雪豹的巢穴估计也没有人怀疑。空荡荡的巢穴中，一个小家伙蜷缩在一块凹下去的台子上，身下垫有几处干草，这就是高山兀鹫的幼鸟啊。我和巢中的小兀鹫自拍了一张合影，随即下山。

考察完巴克熊沟后，西锐一行回到乌鲁木齐，我和马鸣老师则继续上路。到达和硕县的另一条山沟，我和向导艾子江一起沿着河谷往山顶进发，找到几处空的巢穴，这里没有高山兀鹫繁殖。晚上下山，途中迷路，直到夜晚23：00才回到营地，已然筋疲力尽。

4月17日，我们离开乌什塔拉，转战克尔古提乡。在那里，朋友提供了一个高山兀鹫的巢址——克尔古提，位于和静县与和硕县的交界处，为蒙古族自治乡，全乡人口不足1000人，全部为蒙古族人。我们驱车来到一处叫做桃花园的地方，一洞连接内外，四周青山相依，云雾缭绕，仿佛进入了另一个世界。与巴克熊沟的情况比较类似，崖壁下面有几处白色的痕迹格外醒目。大致数了下，这样的痕迹有5处，可以断定此处就是高山兀鹫的巢区。找到巢区容易，可要确定是否有兀鹫居住就困难了。我们的计划被突如其来的大雪打乱，观察极为困难，视线十分模糊。但来一趟不容易，我们冒着雪花，毅然向巢区挺进。既然选择坚持，能量的补给是必不可少的，我们在一棵松树下避雪并且开始我们的午餐。囊和榨菜就着雪花，别有风味。

2014年，我硕士毕业后，师弟徐国华、吴道宁跟着马鸣老师继续研究高山兀鹫，他们利用红外相机、无人机等新设备，获取了大量第一手资料。我告别了新疆，先是在华东师范大学读博士，后来退学去了国家林业局工作，2015年到中科院动物研究所读博士，进行灵长类动物研究。博士毕业后去了兰州大学，不再研究鸟类。

这些年马鸣老师一直坚守在科学研究的第一线，根据这几年的考察成果，他和我的两个师弟写了一本专著《新疆兀鹫》。我则写了一本《西域寻金雕》，里面包含了对高山兀鹫的考察。2016年，我受到江苏凤凰科学技术出版社的邀请，根据前些年的科考经历，撰写“野性寻踪”系列丛书，其中包括这本《高山兀鹫：雪域高原的清道夫》，希望更多的读者关注这些生存艰难的野生动物。

感谢马鸣老师把我带上科学研究和科普写作的道路；感谢师兄师弟徐峰、丁鹏、张同、徐国华、吴道宁的帮助和支持；感谢邢睿（西锐）、黄亚慧（YY）、罗彪这些志同道合朋友的无私帮助；感谢陈西廷、艾子江、山甲甫在野外的帮助；感谢江苏凤凰科学技术出版社各位编辑的辛苦付出和努力，使得此书得以呈现。